Wolfram Franke

# Raum ist selbst im kleinsten Garten

## Anleitung und Motivation für 100 qm Stadtgarten

ökobuch

Bibliografische Information der Deutschen Nationalbibliothek
Die Deutsche Nationalbibliothek verzeichnet diese Publikation in der Deutschen Nationalbibliografie; detaillierte bibliografische Angaben sind im Internet unter http://dnb.d-nb.de abrufbar.

FSC
www.fsc.org
MIX
Papier | Fördert gute Waldnutzung
FSC® C043106

1. Auflage 2026
ökobuch Verlag GmbH
Königstr. 43, 26180 Rastede
www.oekobuch.de
Kontaktadresse nach EU-Produktsicherheitsverordnung: verlag@oekobuch.de

Bildnachweis:
Alle Bilder vom Autor, bis auf Seite 26 Zwergbinse, Shutterstock Sebastian_Photography; Seite 26 Sumpfvergissmeinnicht, Shutterstock olko1975.



Printed in the European Union

ISBN 978-3-947021-86-4

# Inhalt

# Verkleinerung

Rund 800 Quadratmeter groß war der ehemalige Pfarrgarten hinter der katholischen Kirche im Offenburger Stadtteil Bühl, den ich für 40 Mark im Jahr gepachtet hatte. Innerhalb von sieben Jahren baute ich ein Gartenhaus mit angegliedertem Gewächshaus, legte Hügel- und Kraterbeete an, zog Tomaten, Gurken, Zucchini und vieles andere Gemüse heran. Die alten vernachlässigten Apfel- und Birnbäume hatte ich gründlich ausgelichtet. Sie trugen wieder reichlich, und ich erneuerte auch den Zaun an der Rückseite des Gartens. Aber als das alles fertig war, kam der Ruf von *kraut&rüben*, dem *Magazin für biologisches Gärtnern und naturgemäßes Leben*, und ich entschloss mich, mit meiner Familie in die Nähe von München zu ziehen, wo die Redaktion *kraut&rüben* ihren Sitz hat.

Ein „Zuagroaster" – ich musste erst nachschlagen, wie man das schreibt – und aussprechen kann ich es auch nach mehr als 30 Lebensjahren in Bayern noch immer nicht – also auf Deutsch: Ein Zugereister kann in München und Umgebung schon von Glück reden, wenn er einen halbwegs komfortablen Platz unter einer der Isarbrücken bekommt. Das ist natürlich ein Scherz. Aber kein so abwegiger. Es war für uns ungeheuer schwer, als fünfköpfige Familie eine geeignete und zudem für uns erschwingliche Wohnung oder ein Haus zu bekommen. Und angesichts der schwierigen Situation auf dem Wohnungsmarkt, hatten wir ein unverschämtes Glück, ein völlig neues, gerade eben erbautes Reihenhaus mieten zu können. Ein Reihenhaus mit einem Reihenhausgarten. Damit hatten wir uns jedoch, was den Garten betraf, von 800 auf 115 Quadratmeter verkleinert. Allerdings ist dieser Garten – und damit haben wir auch wieder Glück gehabt – keines der berüchtigten Handtuch-Grundstücke. Nein, an einer Seite weicht die Gartengrenze nach links ab, so dass der Garten in den hinteren zwei Dritteln ungefähr den Grundriss eines halbierten Trapezes aufweist. Diese Fläche bot etwas mehr Spielraum zum Gestalten.

*Den ehemaligen Pfarrgarten in Offenburg-Bühl hatten wir sieben Jahre lang gepachtet.*

## Planspiele in der Fantasie

Bevor wir nach Offenburg zogen, wohnten wir zwei Jahre lang in Essen. Unsere kleine Einliegerwohnung lag im Souterrain eines großen Hauses. Über einen mit Waschbetonplatten gepflasterten und durch mehrere Stufen unterbrochenen Weg gingen wir hinab zu unserer Wohnungstür. Vor unserer Wohnung lag eine, von ein paar Sträuchern umrahmte Rasenfläche und eine kleine Terrasse. Wie oft habe ich damals auf dieser Terrasse gesessen und mir in meiner Fantasie ausgemalt, was ich aus dieser kleinen Rasenfläche machen, wie ich sie gestalten und bepflanzen würde, wenn sie mir gehörte. Doch ich durfte dort nichts verändern. Außerdem stand von vornherein fest, dass wir nur für zwei Jahre lang dort wohnen würden. Diese spielerische Planung in meiner Fantasie gewöhnte ich mir damals auch beim Betrachten anderer Grundstücke unserer damaligen Umgebung an. Wir wohnten in einer breit angelegten Straße,

*Die langweiligen Vorgärten in dieser öden Straße regten meine Fantasie an.*

der letzten Häuserzeile im Stadtteil Bredeney. Dahinter schloss sich eine liebliche Hügellandschaft mit Wiesen und Feldern und einem Wald an. Doch die Straße bot ein trostloses Bild. Dort wohnten die Bosse großer Konzerne des Ruhrgebiets. Ihre Häuser glichen oft Festungen oder Bunkern aus Beton und ohne Fenster. Die Besitzer sah man kaum. Sie kamen aus Garagentoren, die sich wie von Geisterhand öffneten, mit großen Limousinen, hinter deren getönten Scheiben keine Person zu erkennen war. So unnahbar die Menschen, so kahl und karg waren die Vorgärten. Sie bestanden fast alle aus kurz geschorenem Rasen, einer Blauzeder und einem großen Findling.

„Wenn ich doch nur eine solche Fläche als eigenen Garten hätte, was würde ich wohl daraus machen?", dachte ich immer und malte mir im Vorübergehen die schönsten Gärten aus.

Nach Essen zogen wir nach Offenburg. Dort pachteten wir von 1982 an den ehemaligen Pfarrgarten hinter der Kirche in Bühl. Der war groß, da konnte ich mich austoben, wenngleich ich nicht allzu viel Zeit dazu hatte. Und vieles von dem, was ich mir erträumte, habe ich dann einfach nicht mehr geschafft. Und nun hatte ich einen kleinen Garten, einen, der etwa so groß war wie mancher der Vorgärten in Essen. Doch wieder war er (mit dem Haus) nur gemietet. Das Haus gehörte einer älteren Dame, verwaltet wurde es von ihrem Enkel. Wie weit durften wir den Garten gestalten? Und wie lange würden wir überhaupt in diesem Haus wohnen?

„Mach nicht so viel!", riet mir meine Frau Gisela. „Nachher müssen wir wieder umziehen und unsere Mühe war umsonst."

Doch ich *wollte* den Garten gestalten. Ich konnte gar nicht anders. Es war und ist meine Passion! Denn er bot ein trostloses Bild. In der Mitte eine Rasenfläche und am Rand ein paar noch kleine, mickerige Sträucher. Der Rasen war zu hoch gewachsen. Ich mähte ihn erst einmal mit der Sense und hinterher mit dem Handrasenmäher, den ich von meinen Eltern geerbt hatte. Dann stach ich den Rasen ab, wo die Sträucher standen, und pflanzte dazwischen die Stauden, die ich aus dem Bühler Garten mitgebracht hatte. Auch zwei Seerosen waren dabei. Für die senkte ich einen rechteckigen Mörteltrog in die Erde und setzte die Seerosen dort hinein.

# Teil 1:

# Gestaltung auf Abruf

# Was wir vorfanden

Es war ja in der Tat eine unsichere Situation, in der sich alle Mieter befinden. Was, wenn die Vermieterin Eigenbedarf geltend machen würde, ihr Enkel eine Familie gründete und in dieses Haus einziehen wollte? Möglich wäre aber auch, dass *wir* anderswo ein eigenes Haus mit Garten kaufen könnten. Aufgrund dieser Überlegungen beschloss ich den Garten so zu gestalten, dass ich ihn im Fall unseres Wegzugs in ein, zwei Tagen zumindest annähernd in seinen ursprünglichen Zustand zurück versetzen könnte.

## Bäume und Sträucher

Bevor die drei Reihenhäuser, deren mittleres wir bewohnen, gebaut wurden, muss das Gelände einem Wald ähnlich gesehen haben. Es wurden wohl einige Bäume gefällt. Da man in unserer Gemeinde sorgsam mit dem Baumbestand umgeht, muss es laut einem Gerücht eine Auflage gegeben haben, wieder ebenso viele Gehölze zu pflanzen, wie entfernt wurden. Das ist zwar lobenswert, aber dennoch eher unmöglich. Denn allein die Flächen der Häuser und Garagen sowie deren Einfahrten nahmen vielen Bäumen den Platz. Um dieser Auflage einigermaßen gerecht zu werden, hatte der Bauträger einen Gärtner eine Fülle von Gehölzen dicht gedrängt in die Gärten pflanzen lassen. So auch in unseren Garten. Dort standen:

1 Hasel,
1 Feldahorn,
3 Apfelbäume,
1 Eberesche,
1 Zierkirsche in Trauerform,
1 Eibe,
1 Spierstrauch,
1 Pfaffenhütchen,
1 Korkflügelstrauch
1 Hundsrose
1 Zierapfel

In den 2 x 2 Meter großen Vorgarten hatte man einen Feuerahorn und rundherum Kirschlorbeer gepflanzt.

Hätte ich alle diese Gehölze im Hausgarten wachsen lassen, müsste ich wohl heute mit der Machete durch den Garten gehen, um von einem ans andere Ende zu gelangen. Es waren viel zu viele und größtenteils ungeeignete Bäume und Sträucher für diesen kleinen Garten. Sie nahmen zu viel Platz ein. Es war eine Alibipflanzung. Von Garten- und Landschaftsbauern höre ich immer diesen lapidaren Halbsatz „Kann man doch schneiden …“. Aufgrund dieser Bemerkung werden die Bäume und Sträucher dann oft grauenvoll zusammen gestutzt. Sie verlieren ihre natürliche Schönheit. Ich befürworte eine eher sparsame Pflanzung von Gehölzen, bei der sich jeder Baum und Strauch möglichst frei entfalten kann und die Gehölze erst nach zehn Jahren einen geschlossenen aber frei gewachsenen Bestand bilden.
Was die Gehölze in unserem Garten betraf, so nahm ich keine Rücksicht auf mögliche Einwände, die

*Unser Reihenhausgarten im Jahr 1989: Fast nur Rasen!*

vom Vermieter kommen könnten. Ich sortierte einfach aus, was mir zu viel erschien, ebenso solche Gehölze, die mir nicht gefielen. Zum Beispiel die Hängeform einer Zierkirsche. Ich finde so etwas einfach scheußlich. Etwa fünf Sträucher grub ich aus und karrte sie mit der Schubkarre zur nächsten öffentlichen Anlage. Dort pflanzte ich sie an unauffälliger Stelle ein.
Was die Gestaltung betraf, brauchte ich nur wenig Bäume und Sträucher. Denn die Nachbarn zur Rechten hatten ein Apfelbaumspalier gepflanzt. Im Nachbargarten auf der linken Seite wuchs viel zu dicht gepflanzt ein ähnliches Sträuchersortiment wie zuvor bei uns. An der Rückseite des Gartens befindet sich ein Wohnblock mit sechs Eigentumswohnungen. Zwischen dem Weg zu diesem Haus und unserem Zaun waren ebenfalls ein paar Gehölze gepflanzt.
All diese Bäume und Sträucher wuchsen zu einer grünen Kulisse heran, für die ich nun nicht mehr zu sorgen hatte. Ich hatte Platz für Stauden und Sommerblumen gewonnen. Seitdem schmarotze ich diese Kulissen von den Nachbarn für meinen Garten. Die wenigen Stauden aus dem Bühler Garten pflanzte ich vor die Gehölze.

## Ein kleiner Teich und Wabenbeete

Einen Teich musste ich haben! In Bühl hatte ich auch einen. Außerdem hatte ich als Redakteur von „mein schöner Garten“ drei Sonderhefte zum Thema Gartenteiche verfasst und im blv Verlag ein Jahr zuvor mein Buch „Faszination Gartenteich“ veröffentlicht. Ein Autor von Literatur über Gartenteiche, der selber auf dem Trockenen sitzt? Das geht gar nicht!
Und ich hatte schon eine Idee, was ich mit der Erde aus dem Teichaushub machte. Ich würde sie in Hochbeete füllen! Das aktive Gärtnern, das ich auch in den Jahren als Redakteur immer betrieben hatte, wollte und musste ich unbedingt fortsetzen. Das gehört für mich seit jeher zum Beruf des Gartenjournalisten und Gartenschriftstellers dazu. Besonders auch als Chefredakteur von *kraut&rüben,* dem Biogartenmagazin, dessen Sinn und Zweck darin besteht, das Wissen über biologisches Gärtnern und alte Kultursorten zu verbreiten. Abgekoppelt von der gärtnerischen Praxis wäre ich mir mit all den fachlichen Informationen, die ich mit meinen Redakteurinnen in *kraut&rüben* veröffentlichte, der naturverbundenen Lebensphilosophie, die ich den Lesern nahelege, unglaubwürdig vorgekommen.
Und Gisela wünschte sich frisches Gemüse aus dem eigenen Garten. Meine Idee, die Anlage meines Teichs mit dem Bau von Hochbeeten zu kombinieren, fand ich ideal. Müsste ich wieder den ursprünglichen Zustand des Gartens herstellen, bräuchte ich nur die Rahmen der Hochbeete zu entfernen und deren Erde in die Teichgrube zurück zu schaufeln. Auf die kahlen Flächen würde ich noch etwas Grassamen streuen. Und der Garten sähe bald wieder aus wie ehedem.

## Der Plan mit Gemüse und Teich

Zwei Dinge waren für den Anfang am wichtigsten: Gemüsebeete und ein Teich. So paradox es klingt: Von der Anlage des Teichs hing der Anbau des Gemüses ab. Aus diesem Grund musste ich beides parallel zueinander bauen. Denn die Gemüsebeete wollte ich nicht einfach auf dem Gartenboden anlegen. Ich wollte sie erhöhen, Hochbeete bauen, und zwar in Sechseckform, wie ich sie etwas später beschreibe. Als Füllung für diese Beete brauchte ich die Grassoden, die ich für den Aushub des Teiches vom Rasen abstach und die anschließend ausgehobene Erde ebenfalls. Doch dafür mussten die Rahmen der Hochbeete erst einmal an den Plätzen stehen, die ich ihnen im Plan zugedacht hatte. Beide brauchen möglichst viel Sonne, Gemüse ebenso wie ein Teich. Da aber morgens der Schatten unseres Hauses und am späten Nachmittag der Schatten des Wohnblocks hinter unserem Garten auf unser Grundstück fällt, musste ich Teich und Gemüse möglichst in der Mitte einplanen. Unter diesem Gesichtspunkt blieb in dem kleinen Garten für beide nicht allzu viel Platz. Und der Rasen dazwischen sollte als nicht zu kleine begehbare Fläche noch stehen bleiben.

### Gemüse in Waben

Im Alter von neun Jahren legte ich im Garten meiner Eltern meinen ersten eigenen kleinen Garten an. Darin säte ich Erbsen aus, die im märkischen Sand sehr gut gediehen. Allerdings musste ich viel Wasser schleppen, und das gab es nur aus einer Schwengelpumpe. Nach unserer Flucht aus der DDR im Jahr 1960 vergingen einige Jahre, bis meine Eltern wieder ein Haus mit Garten gemietet hatten. Dort baute ich mit nunmehr 15 Jahren Gemüse für die ganze fünfköpfige Familie an. Später, während meiner letzten vier Jahre als Berufsgärtner säte und pflanzte ich Salate, Möhren und anderes Gemüse für die Küche eines evangelischen Diakonissen-Mutterhauses. Dort wohnte ich mit meiner Frau und unserem ersten Sohn in unseren ersten drei Ehejahren. Da wir dort aber keinen eigenen Garten besaßen, entfernte ich vor unserem Wohnzimmerfenster eine

kleine Fläche des bodendeckenden Cotoneasters und säte dort Radieschen, Möhren und pflanzte Salat. Gemüse aus dem eigenen Garten gehörte schon immer zu unseren wichtigsten Wünschen.

## Anregung Kraterbeet

So spielte einige Jahre später auch in unserem Bühler Garten das Gemüse eine wichtige Rolle. Und so war von vornherein klar, dass wir auch in unserem kleinen Reihenhausgarten nicht darauf verzichten wollten. Der Platz war knapp und die Lichtverhältnisse waren nicht gerade günstig. Doch ich hatte eine Idee: In der Mitte der 1980er-Jahre lernte ich den Grundschulrektor Ulrich Kowalewski aus Siegen kennen. Er hatte in seinem Garten runde Beete angelegt, die er Kraterbeete nannte. Sie hatten einen Durchmesser von etwa zwei Metern, nach innen war die Fläche kraterförmig um 30 Zentimeter vertieft, am äußeren Rand ein ebenfalls 30 Zentimeter hoher Wall aufgeschüttet. In der Mitte befand sich ein Kreis aus Pflastersteinen, der sowohl als Trittfläche als auch als Speicher von Sonnenwärme diente. Rundherum auf dem Wall hatte Kowalewski Gemüse gepflanzt, das einige Kälte und ein wenig Frost vertragen konnte, wie Kohl, Kohlrabi Möhren und Salate, im Innern des Kraters wuchsen wärmebedürftige Arten wie Tomaten, Paprika, Gurken oder Zucchini. Der kleine Wall und die darauf wachsenden Gemüsearten schützten das wärmeliebende Gemüse vor Kälte.
Die Idee für diese Beete hatte der Pädagoge durch zwei Anregungen bekommen: In ihrem Buch „Der Biogarten“ beschreibt Marie-Luise Kreuter in einem Kapitel verschiedene Methoden des biologischen Gärtnerns in aller Welt. Darunter auch das „Circle Gardening“ des Kaliforniers Derald Langham, der mit kraterartigen Beeten experimentierte und glaubte, auf diese Weise spiralförmig aus der Erde aufsteigende Energie für das Pflanzenwachstum nutzbar zu machen. Die zweite Anregung erhielt Kowalewski während eines Urlaubs auf Lanzarote, wo man Wein in runden, kraterähnlichen Steingebilden anbaut. Ulrich Kowalewski hatte die Kraterbeete entwickelt, um im meist regnerisch kühlen Siegerland mit Früh- und Spätfrösten kleine Wärmeinseln zu schaffen, auf denen auch Tomaten, Paprika, Gurken und anderes wärmeliebende Gemüse gedeihen konnten. Bereits in unserem Bühler Garten hatte ich mehrere Kraterbeete angelegt und damit erfolgreich experimentiert.
Im Reihenhausgarten sah ich in diesen Beeten eine Möglichkeit, auf kleinem Raum viel Gemüse anzubauen. Außerdem dachte ich an Hochbeete. In der typischen rechteckigen oder quadratischen Form hätten sie mir aber zu klobig in dem kleinen Garten ausgesehen. Da kam mir der Gedanke, die Kraterbeete von Kowalewski mit Hochbeeten zu verbinden. Doch wie sollte ich aus Holz einen runden Rahmen schaffen? Das war kaum möglich. Also sann ich nach einem Kompromiss zwischen einem Kreis und einem Quadrat. So kam ich auf das Sechseck als Rahmen für das Hochbeet, in den sich das Kraterbeet gut einbetten ließ.

*Kraterbeete (oben) im Garten von Ulrich Kowalewski (links).*

## Anlage und Bewirtschaftung eines Kraterbeets

Die Anlage eines Kraterbeets ist kinderleicht: Man lockert die Erde auf einer kreisrunden Fläche von etwa 2 m Durchmesser. Auch kleinere und größere Durchmesser sind möglich. Aus der Mitte zieht man die gelockerte Erde mit einem Vierzahn (auch Vierzink oder Krail genannt) oder einem Rechen von innen nach außen, so dass innen eine kraterförmige Vertiefung und am äußeren Rand ein kleiner Wall entsteht. Die Vertiefung und der Wall sind jeweils 30 cm tief oder hoch. Im Krater wird nun ein Kreis von Pflastersteinen, Gehwegplatten oder Ähnlichem als Trittpfad ausgelegt, der außerdem als Speicher von Sonnenwärme dient.

Im Krater, also dem Inneren des Beets, finden nun die Wärme liebenden Pflanzen ihren Platz: Tomaten, Paprika, Gurken, Kürbis, Zucchini oder andere. Auf den Wall und an dessen äußere Seite kommen die Gemüsearten, denen Kälte wenig ausmacht, z. B. alle Kohlarten, Kohlrabi, Mangold, Rettich, Radieschen, Rote Bete, Kopf-, Pflück- und Schnittsalat. Diese außen heranwachsenden Arten schützen auch die innen wachsenden vor Wind und Kälte. Im Innern des Kraters herrscht ein gutes Kleinklima, in dem es länger warm bleibt und die Erde nicht so schnell austrocknet.

Da ich ja das gesamte Holz des abgebauten Gartenhäuschens aus dem Bühler Garten mitgebracht hatte, stand mir genug Material zum Bau dieser sechseckigen Hochbeete zur Verfügung, die ich aufgrund ihrer Form Wabenbeete nannte.
Sie alle erhielten einen Durchmesser von zwei Metern. Ich baute fünf Beete, die ich locker im hinteren Gartenteil verteilte. Zwei dieser Rahmen wurden 70, die drei anderen 30 Zentimeter hoch. Außerdem baute ich noch einen Frühbeetkasten, den ich mit zwei Holländer-Frühbeetfenstern abdeckte, die ich vor vielen Jahren für den Frühbeetkasten im Bühler Garten angeschafft hatte.
Bei dem ersten Wabenbeet versuchte ich noch den klassischen Schichtaufbau, wie man ihn von Hügel- und Hochbeeten kennt: Ganz unten Reisig – ich verwendete stattdessen die Abschnitte, die beim Bau der Holzrahmen anfielen – darauf Grassoden, davon hatte ich genug für den Teich, das Frühbeet und die Wabenbeete selbst vom Rasen abgestochen, und schließlich die Muttererde, die ich ebenfalls beim Bau der Beete ausgehoben hatte.

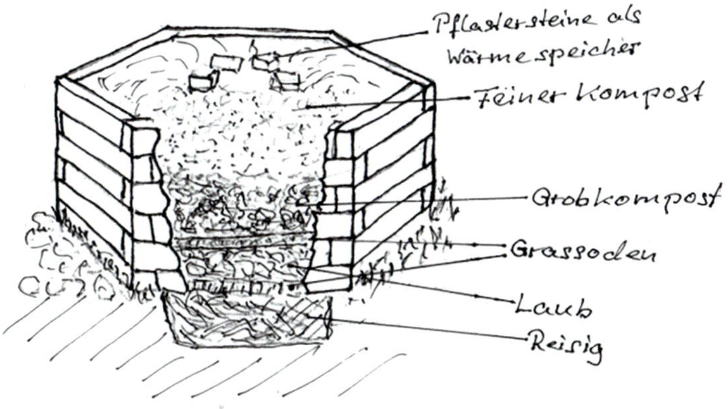


## Konstruktion eines Sechsecks

Man schlägt einen Kreis. Anschließend teilt man den Kreisbogen mit dem Maß des halben Durchmessers (Radius) in sechs gleichmäßige Abschnitte ein. Die Markierungen dieser Abschnitte werden durch Linien miteinander verbunden, so dass die Form eines Sechsecks entsteht.

## Wabenbeet

Mein Wabenbeet ist die Kombination von einem Hochbeet mit einem Kraterbeet. Der Rahmen besteht aus Holz. In diesem Garten verwendete ich die alten Bretter des im Bühler Garten abgetragenen Gartenhäuschens. Aus gestalterischen und experimentellen Gründen wählte ich verschiedene Höhen: Drei Beete 30 cm, zwei Beete 70 cm hoch.
Ich schnitt jeweils drei oder sieben Bretter auf die Länge von 100 cm zurecht und verband sie mit zwei Leisten zu Elementen von 30 bzw. 70 cm. Das waren die Seitenteile, die ich mit einer zweiten Lage Bretter bedeckte. Die nagelte ich diagonal über die untere Lage, was zum einen die Stabilität erhöhte, zum anderen eleganter aussah als nur waagerecht oder senkrecht verlau-

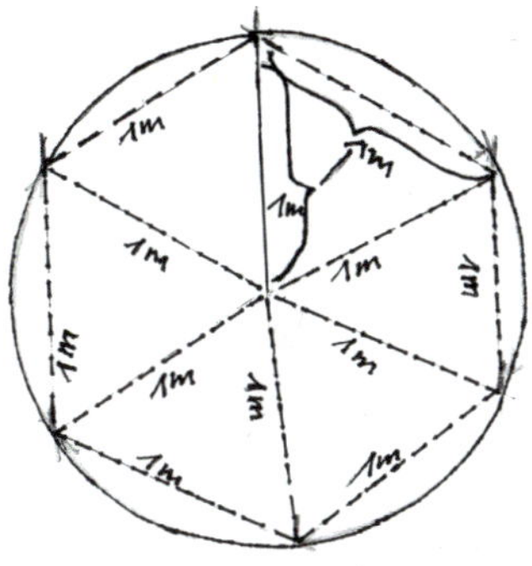


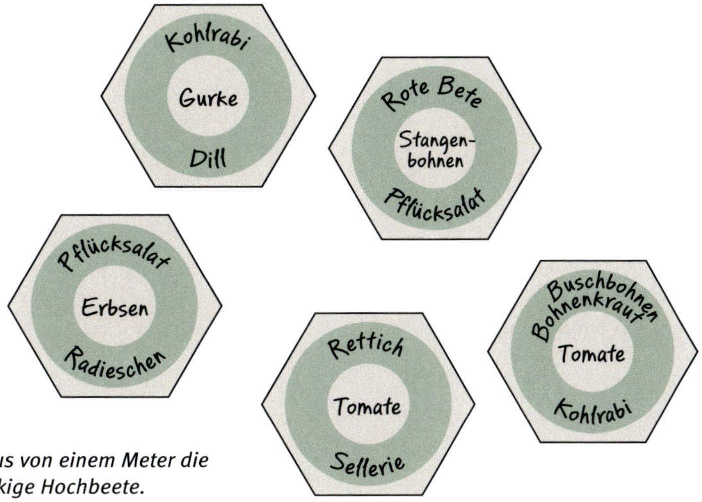


*Sechseck: Durchmesser 2 m. Mit dem Radius von einem Meter die Eckpunkte markieren. Rechts: Fünf sechseckige Hochbeete.*

*Mischkulturen auf Wabenbeeten: Kohlrabi, Salat, Porree (oben links), Stangenbohnen (rechts), Zwiebeln, Möhren, Salat (unten).*

fende Bretter. Die überstehenden Ecken der Bretter sägte ich mit der Stichsäge ab. Zum Schluss nagelte ich die seitlichen Teile an Rundhölzer und verband sie zu Sechsecken. Diese Beete nenne ich Wabenbeete. Die Füllung bestand zum Teil aus dem klassischen Aufbau eines Hochbeets mit Reisig, Grassoden, Laub und Kompost, vermischt mit der ausgehobenen Erde des Teichs. Reisig und Laub holte ich aus einem nahegelegenen Wald. Grassoden stach ich vor der Anlage des Teichs und vor dem Aufstellen der sechseckigen Wabenbeet-Rahmen ab, hier konnte ich sie wieder verwenden. Da mir aber weitere organische Abfälle nicht zur Verfügung standen, füllte ich die restlichen Beete allein mit der Erde des Teichaushubs auf.

## Mischkulturen auf fünf Wabenbeeten

Dazu hatte ich mir ein „rotierendes" System ausgedacht: Jede Mischkultur bekam eine Leitkultur, der ich ein oder zwei weitere Gemüsearten zuordnete. Außerdem wechselte ich mit Stark- Mittel- und Schwachzehrern ab. In den darauffolgenden Jahren wanderte jede Mischkultur jeweils um ein Wabenbeet weiter. Die unterschiedliche Höhe der Wabenbeete sollte nicht allein der Optik dienen. Ich wollte auch testen, ob ich auf den höheren Beeten bessere Ernten erzielen könnte. Sie genossen auf diese Weise mehr Sonnenlicht. Doch einen auffälligen Unterschied konnte ich in den folgenden Jahren nicht feststellen.
Immerhin konnte ich mit diesen Beeten acht Jahre lang gärtnern. Erst dann waren die Bretter so morsch, dass die Rahmen auseinanderfielen. Doch dann hatte ich ja auch schon etwas Neues geplant.

Die Wabenbeet-Idee hat übrigens Schule gemacht. Ich selbst habe die Anregung auf der IGA 1993 in Stuttgart weitergegeben, wo ich mit einer Volkshochschulgruppe im Bauerngarten einen Teich angelegt habe. Auf meine Anregung wurde in diesem Garten auch ein Wabenbeet angelegt. Außerdem veröffentlichte ich meine Idee zwei Mal in *kraut&rüben.* Fotos, die ich von meinen Wabenbeeten gemacht hatte, machten auch in einigen Büchern anderer Autoren die Runde. Inzwischen haben sich die Wabenbeete weit verbreitet. Auch eine Behinderten-Einrichtung hat Wabenbeete in ihrem Garten gebaut.

# Frühbeet

Den Frühbeetkasten baute ich nach dem gleichen Verfahren wie die Wabenbeete. Sein Grundriss: 1,60 x 1,50 m, die hintere Wand ist 40 cm, die vordere 30 cm hoch. Der Kasten mit seinen Fenstern ist nach Osten ausgerichtet. Als Abdeckung hatte ich aus dem Bühler Garten zwei Holländerfenster mit den Maßen 80 x 1,50 m mitgebracht, wie man sie früher in Gärtnereien verwendete.

Wie bei den Wabenbeeten nagelte ich rundherum diagonal angeordnet eine weitere Lage Bretter von außen an die Wände. Ich ließ diese kurzen Bretter die Oberkanten der Rückwand sowie der Seitenwände um 5 cm überragen, nur an der Vorderseite passte ich sie den waagerechten Brettern an. So sind die aufgelegten Fenster von drei Seiten geschützt, doch nach vorn kann das Regenwasser nach außen ablaufen. Im Frühbeet zogen wir Salate und Kohlrabi als Setzlinge heran, die wir anschließend auf die Wabenbeete verteilten. Andererseits bezogen wir aber auch den Frühbeetkasten in unser rotierendes Mischkultursystem ein.

Als Füllung für den Frühbeetkasten holte ich ein paar Säcke voll Pferdemist von einem Bauern. Ich hob die Erde innerhalb des Kastens einen Spatenstich tief aus und füllte den Mist lagenweise ein. Jede Lage stampften Gisela und Karsten mit Gummistiefeln an den Füßen fest. Den trockenen Strohmist mussten wir mit der Gießkanne anfeuchten. Diese Schicht wurde 30 cm dick.

Darauf kam wieder die ausgehobene Erde, von der wir zum Schluss eine 5 cm dünne Lage durch ein Sieb warfen. Fertigen Kompost hatten wir beim ersten Mal noch nicht. Den konnten wir aber in den darauffolgenden Jahren einarbeiten.

## Richtig säen und pflanzen

Bei beiden kommt es darauf, dass die Samen und Wurzeln sofort Anschluss an den Boden bekommen. Zur Aussaat muss die Erde eine feinkrümelige Struktur aufweisen.

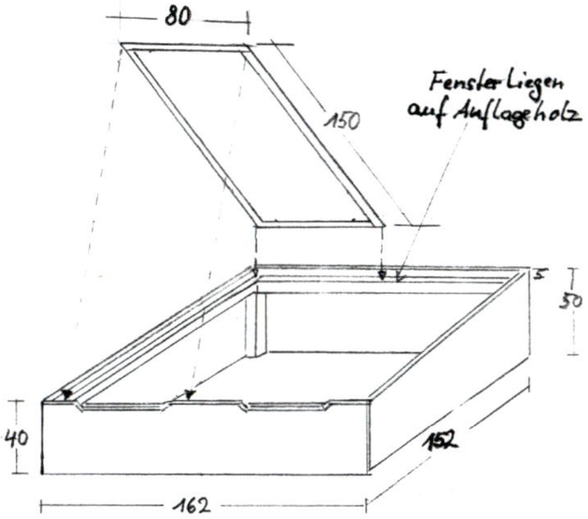

*Erbsen am Maschendraht aussäen: Rille ziehen, einzeln säen, Rille schließen, festklopfen.*

So finden die jungen Keimwurzeln sofort Halt in der Erde, können wachsen, sich verzweigen sowie Wasser und Nährstoffe aufnehmen. Hacken Sie die Erde mehrmals durch, vor allem in der oberen, 5–10 cm dicken Schicht. Beachten Sie auch die richtige Saattiefe. Feine Samen dürfen nur dünn mit Erde bedeckt werden. Aber auch dickere Saatkörner wie etwa Bohnensamen dürfen nicht zu tief gelegt werden. Gesät wird bei kleinem Saatgut möglichst dünn und gleichmäßig direkt aus der Tüte. Sehr feinen Samen kann man mit ebenfalls feinem Sand vermischen und damit aussäen. Größere Samenkörner wie die von Erbsen und Bohnen nimmt man einfach in die Hand und legt sie im Abstand von 3–5 cm in der Saatrille aus. Anschließend die Saatrillen dünn auffüllen und die Erde leicht mit dem Rücken des Rechens andrücken. Abschließend mit der Brause angießen, damit die Erde dicht an und um die Samenkörner gespült wird.

Auch fürs Pflanzen der Gemüsesetzlinge gilt: Die Wurzeln müssen rundherum Anschluss an den Boden haben. Die Setzlinge von Kohl und Kohlrabi pflanzt man tief, bis unter den Blattansatz, damit die Pflanzen bei zunehmendem Wachstum genügend Standfestigkeit erhalten, die jungen Salatpflanzen setzt man nur bis zum Wurzelhals in die Erde. Tiefer gepflanzt würden sie faulen und eingehen. Bei Tomatenpflanzen sollte auch der Stängel etwa 20–30 cm (je nach Länge) mit Erde bedeckt sein. Es

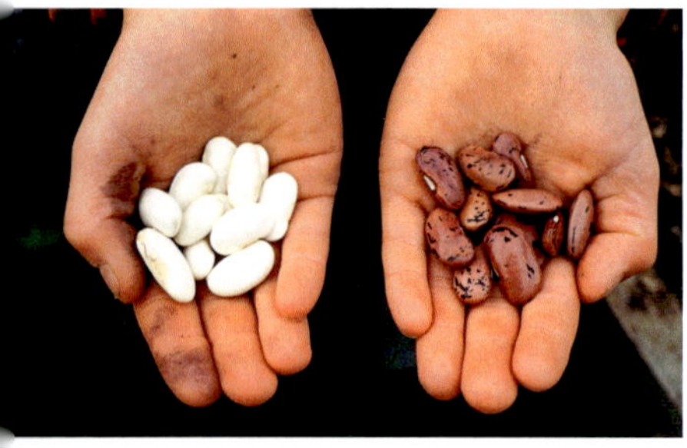

*Bohnensamen weiß und braun, abwechselnd um die Stange gesät; Mitte: Erde mit Sauzahn lockern, rechts: Radieschen verziehen.*

empfiehlt sich, die Pflanze etwas schräg ins Pflanzloch zu legen. Am Stängel bildet sie zusätzlich Wurzeln, die zum kräftigen Wachstum der Pflanzen beitragen.
Im Gegensatz zu den Aussaaten werden Gemüsesetzlinge (und auch andere Pflanzen) immer ohne Brause angegossen, um die Erde um die Wurzeln herum einzuschlämmen.

## Unsere Wabenbeete von Frühling bis Herbst

Die Saison begann im März mit der Aussaat von Tomaten. Ich zog damals nur wenige Pflanzen heran, denn wir wollten ja auch noch Erbsen, Bohnen, Salat, Möhren und Radieschen ernten. Und der Platz auf unseren Wabenbeeten war knapp. Damals bin ich auf die Sorte 'Tigerella' gestoßen, eine Tomate mit gelbgrün gestreiften Früchten, die aus dem Einerlei der gleichförmigen Sorten im her-

*Erbsen klettern am Maschendraht; unten: Stangenbohnen auf Wabenbeet, Wabenbeete, 70 und 30 cm hoch.*

## Tomatenkultur

Die „Paradiesäpfel“ oder „Paradeiser“, wie Tomaten in Österreich genannt werden, können nur im Haus ausgesät werden. Aussaatzeit von Ende Februar bis Anfang April. Ideal ist ein sonniger Fensterplatz. Die ideale Keimtemperatur liegt bei 18–22 °C. Wer keine fertige Aussaaterde aus dem Fachhandel verwenden will, kann gut ausgereiften, fein gesiebten Kompost im Verhältnis 3:1 mit Sand vermischen und in eine 3–5 cm tiefe Schale einfüllen. An den Rändern wird die Erde angedrückt, dann die Oberfläche geglättet. Tomatensamen keimt sehr schnell, deshalb dünn säen. Anschließend dünn mit feiner Erde übersieben, mit einem glatten Brettchen andrücken und mit feiner Brause sanft und gleichmäßig befeuchten. Anschließend wird die Saatschale mit einer Glasplatte oder einer Plastikfolie abgedeckt.
Bei idealer Temperatur und ausreichend Feuchtigkeit keimen die Samen innerhalb von 2–3 Tagen.

Dann sollte die Abdeckung entfernt werden. Die Sämlinge müssen nun schnell pikiert werden, zu lang gewachsen, würden sie umfallen und faulen.

Pikiert werden sie in Töpfe von 6–8 cm Durchmesser. Die Erde darf nun einen etwas höheren Anteil Kompost enthalten und eine kleine Prise Hornmehl erhalten. Die Sämlinge werden bis dicht unter die Keimblätter pikiert. Sie bilden auch an den Stängeln in der Erde Wurzeln. In 6-cm-Töpfe pikierte Tomaten sollten später noch einmal in 8er-Töpfe umgetopft werden, wenn der Wurzelballen den Topf ausfüllt.

Ab Mitte Mai werden sie ins Freie an einen reichlich mit Kompost und einem organischen Dünger (z. B. Hornspäne) versorgten, sonnigen Platz gepflanzt. Vorher schlägt man einen mindestens 2,50 m langen Stab ein, an den die Pflanze schräg ins Pflanzloch gesetzt wird. Für spätere Düngergaben mit verdünnter Brennnesseljauche wird ein 12er-Blumentopf (möglichst Ton) in die Erde gesenkt.

Mit zunehmendem Wachstum wird der Tomatenstängel mehrmals an den Stab gebunden, was bei Spiralstäben entfällt. Je nach Sorte werden Geiztriebe entfernt. Während der Wachstumszeit muss reichlich gegossen und wöchentlich mit Brennnesseljauche gedüngt werden. Sobald sich Fruchtansätze zeigen wird weniger gegossen und nicht mehr gedüngt.

kömmlichen Samenhandel herausstach. Mit der Vielfalt alter Sorten, die es ja Gott sei Dank noch gibt, begann ich mich erst etwas später zu befassen. Ich säte die 'Tigerella' im Haus auf der Fensterbank in einer Schale aus. Dabei erfuhr ich zum wiederholten Mal, dass eine zu frühe Aussaat mehr Nachteile als Vorteile bringt. Denn Tomatensamen keimen bereits nach zwei bis drei Tagen. Danach wachsen die Sämlinge ungeheuer schnell. Wenn man sie nicht in kürzester Zeit pikiert, werden ihre Stiele schwach, fallen um und faulen. Doch die 8-Zentimeter-Töpfe mit den pikierten Sämlingen brauchen viel Platz. Der fehlte uns, weil ein Teil der Fenster unseres Reihenhauses Türen sind, die auf die Terrasse oder den Balkon führen und regelmäßig geöffnet werden. Auch die großen Fenster in unserem Dachstudio hatten wir noch nicht. Wir ließen sie erst viele Jahre später einbauen. Seit das Gewächshaus fertig ist und wir neben unserem Reihenhausgarten auch noch den Kreativgarten auf dem Reitsbergerhof haben, ist die Anzucht von genügend Tomatenpflanzen sehr fiel einfacher. Und wir brauchen auch mehr davon.

Im März säte ich auch Pflücksalat und Kohlrabi im Frühbeetkasten aus. Ende April, Anfang Mai kamen auf den Wabenbeeten Erbsen und Stangenbohnen sowie Zwiebeln, Möhren und Radieschen dazu. Natürlich konnten wir uns von diesen fünf Wabenbeeten und dem Frühbeetkasten noch nicht komplett selbst ernähren. Aber wir mochten das frische Gemüse auch nicht missen.

## Kartoffeln in Töpfen

Eines Tages bekam ich zu Ostern von Marie-Luise Kreuter ein Päckchen. Darin befand sich ein Eierkarton. Doch anstelle von Ostereiern lagen darin Saatkartoffeln von fünf verschiedenen Sorten: der rotschaligen 'Linzer Rose', der 'Finnland blau' mit dunkelblauer Schale, der gelben 'King Edward' mit roten „Augen" sowie der längliche gelbschaligen 'Kipfler'. Die hätte ich natürlich auf den Wabenbeeten pflanzen können, doch dort sollten ja die anderen Gemüsearten wachsen. Also mischte ich Kompost mit Gartenerde und füllte sie etwa 20 Zentimeter hoch in zwei 40-cm-Töpfe. Außerdem fertigte ich aus alten Brettabschnitten Zargen von etwa 30 x 30 Zentimeter Größe und acht Zentimeter Höhe an. Drei dieser Zargen setzte ich an einer noch freien Stelle auf den

gelockerten Gartenboden. Dann verteilte ich die Saatkartoffeln nach Sorten geordnet auf die Töpfe und Zargen und deckte sie dünn mit der zuvor gemischten Erde zu. Nach ein bis zwei Wochen erschienen die ersten Triebspitzen und Blätter. Mit deren zunehmendem Wachstum füllte ich nach und nach immer mehr Erde auf, bis die Töpfe voll waren. Bei den Zargen setzte ich jeweils eine weitere obendrauf, sobald die untere mit Erde gefüllt war.
Die Kartoffeln wuchsen schnell heran und bildeten in den Töpfen und Zargen üppige lange Triebe. Sie blühten. Und dann wartete ich bis die Triebe im Herbst verwelkt waren. Schließlich war es soweit. Ich stülpte die Töpfe um und schüttete den Inhalt aus. Doch das Ergebnis war enttäuschend. Nur wenige, nicht allzu große Kartoffeln konnte ich aus der Erde herauslesen. Ähnlich sah es in den Zargen aus. Dennoch freuten wir uns über das, wenn auch bescheidene Ergebnis. Auch später, im Kreativgarten wiederholte ich das Experiment mit den alten Kartoffelsorten, sowohl in Töpfen als auch direkt im Gartenboden. Auch diese Kartoffeln brachten keine reiche Ernte.
Hatte ich beim Anbau etwas falsch gemacht? Heute weiß ich, das dies nicht der Fall war. Erst später hörte ich in einen Vortrag von dem Biobauern Christian Mayer, dass nicht jede Kartoffelsorte überall gleich gut gedeiht. So sei die bekannte Delikatess-Sorte 'Linda' eine Kartoffel, die gut auf norddeutschem Sandboden gedeiht. Als 'Linda' des Südens bezeichnete er stattdessen 'Sieglinde'.
Dies mag auch auf viele andere alte Gemüsesorten zutreffen. Wenn sie in unserem Garten nicht gedeihen, heißt das nicht, dass die Sorten schlecht sind. Oft handelt es sich dabei um eine Lokalsorte, die nur in einer bestimmten Region mit einem für sie günstigen Boden und Klima gedeiht.
Dennoch: Die wenigen Kartoffeln, die wir geerntet hatten, haben uns sehr gut geschmeckt.

## Über Kartoffeln

Botaniker bezeichnen sie als Sprossknolle. Nachdem man eine Knolle in den Boden gelegt hat, treiben aus den „Augen" mehrere Triebe, die ihrerseits Knollen bilden. Aus diesem Grund werden die Kartoffelstauden, nachdem sie ein Stück gewachsen sind, zwei Mal gehäufelt. In der gehäufelten Erde bilden sie dann viele Tochterknollen, die wir ausbuddeln, wenn das Kartoffelkraut abgestorben ist. Je nach Reifezeit unterscheidet man Frühkartoffeln, die man bereits nach 60 Tagen erntet, und späte Sorten, die gebuddelt werden, wenn das Kraut verwelkt ist. Kartoffeln sind Mittelzehrer, die man in zweiter Tracht nach Starkzehrern (z. B. Kohl) anbaut. Empfehlenswert ist es, sie nach einem Neubau eines Hauses auf dem frisch aufgeschütteten Boden anzubauen. Die Knollen lockern mit ihrem Wachstum die Erde, bauen Nährstoffüberschüsse des meist überdüngten Ackerbodens ab und verdrängen Unkraut. Außerdem liefern sie Kartoffeln für die Küche.

# Ein kleines Teichbiotop

Da ich Grassoden und Erde brauchte, um meine wabenförmigen Hochbeete zu füllen, musste ich parallel zum Bau der Wabenbeete mit dem Aushub der Teichgrube beginnen, was ziemlich ungewöhnlich erscheinen mag, doch im Fall unseres Garten, wie ich ihn geplant hatte, nur folgerichtig und praktisch war.

Aus Recherchen und meiner früheren Gartenteichpraxis wusste ich, dass so ein Teich weder groß noch tief sein muss. Also plante ich einen Teich von 2 x 3 Meter Größe und 50 Zentimeter Tiefe ein, dem ich einen flachen, 1 Meter breiten und nur 30 Zentimeter tiefen Wassergraben anschloss. Dieser Graben verläuft etwa zwei Meter lang in nördliche Richtung und knickt dann in Richtung Westen ab.

Als Abdichtung wählte ich eine 0,5 mm dicke Polyäthylen-Folie, die ich damals für die umweltfreundlichste hielt. Sie wurde in einem großen Stück geliefert, wodurch viel Verschnitt abfiel. Ich unterlegte die Folie mit einem Vlies, das sie vor Steinen und spitzen Wurzeln schützen soll.

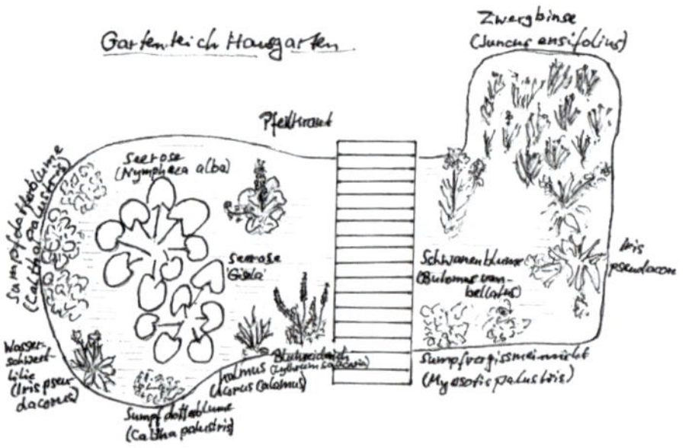


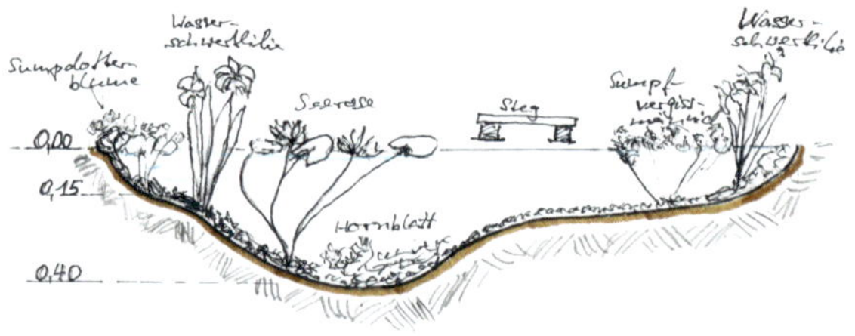

## Ton als Alternative zur Folie?

Ton ist zweifellos das natürlichste Material, einen Teich abzudichten. Doch drei Dinge müssen dabei beachtet werden:

1. Nicht jede Art von Ton eignet sich zur Abdichtung von Teichen. Wer sicher gehen will, verwendet zu diesem Zweck vorgefertigte Tonelemente oder mit Bentonit (einem Tonmineral) beschichtete spezielle Matten.
2. Die Tonelemente müssen sorgfältig verdichtet werden. Aus diesem Grund muss das Teichgefälle so sachte wie möglich angelegt werden (1:3 oder 1:4). Andernfalls ist eine gleichmäßige Verdichtung nicht möglich. Körperkraft reicht zum Verdichten nicht aus. Dies ist nur maschinell (Rüttelplatte, Motorstampfer) möglich. Man sollte es einer erfahrenen Fachfirma überlassen.
3. Die Tonabdichtung muss mit einer 30 cm dicken Lage Kies beschwert werden. Sonst löst sich der Ton im Wasser auf und wird undicht. Aus diesem Grund muss auch die Teichgrube 30 cm tiefer ausgehoben werden. Somit ist die Abdichtung mit Ton nur bei großen Teichen praktikabel.

## Abdichtung mit Folie

Ton wäre zwar das natürlichste Material, einen Teich abzudichten. Doch das ließ sich bei einem so kleinen Teich wie meinem nicht verwirklichen. Bei einer Tonabdichtung müsste die Teichgrube noch flacher gestaltet werden. Dann bliebe nur eine Pfütze übrig. Am praktikabelsten ist die Abdichtung mit Teichfolie, weil sich mit ihr frei gestalten lässt.

Folien gibt es aus Polyvenylchlorid (PVC), Polyäthylen (PE) sowie Ethylen-Propylen-Dien-Kautschuk (EPDM). Vom Standpunkt des Umweltschutzes ist PVC wegen seines Gehalts an Schwermetallen und Weichmachern umstritten, EPDM gilt als die umweltfreundlichste Folie. Ich habe mich damals für eine PE-Folie entschieden, die ich damals gegenüber PVC als bessere Alternative angesehen habe. Für meinen später im Kreativgarten angelegten Badeteich habe ich eine EPDM-Folie verwendet. Die PE-Folie ist ziemlich steif, vor allem bei kühler Witterung. Beim Verlegen sollte mindestens + 15 °C Wärme herrschen. Ich habe mich für die dünnste Folie von nur 0,5 Millimeter Stärke entschieden. Sie hat bis jetzt immerhin 33 Jahre lang gehalten.

Zuerst legte ich die Grube mit einander überlappenden Bahnen eines Vlieses aus. Dieses Vlies schützt die Folie vor spitzen Steinen und Wurzeln.

Die Folie sollte möglichst faltenfrei verlegt werden, was nie ganz zu verwirklichen ist. Man streicht sie so glatt wie möglich und legt dann die wenigen großen Falten zur Seite um und beschwert sie mit Steinen.

Am Teichrand wird die Folienkante senkrecht aufgestellt, so dass sie den Wasserspiegel vom umgebenden Erdreich trennt. Die Folienkante lässt sich von innen und außen gut unter Kieselsteinen verbergen.

*Von oben nach unten: Alte Folie; EPDM ausrollen; Folie glätten; Kapillarsperre; frisch gefüllter Teich.*

## Wasserpflanzen in unserem kleinen Teichbiotop

| Wasserpflanze | | Wassertiefe | Blüte | Höhe (cm) |
|---|---|---|---|---|
|  | Weiße Seerose<br>*Nymphaea alba* | 50 | VII–VIII weiß | Schwimm-<br>blattpflanze |
|  | Weiße Seerose<br>*Nymphaea alba* 'Gisela' | 50 | VII–VIII rosa | Schwimm-<br>blattpflanze |
|  | Wasserschwertlilie<br>*Iris pseudacorus* | 20 | V–VI gelb | 60–80 |
|  | Sumpfdotterblume<br>*Caltha palustris* | 0–10 | III–V gelb | 20–30 |
|  | Zwergbinse<br>*Juncus ensifolius* | 5–10 | VII–VIII braun | 20 |
|  | Sumpfvergissmeinnicht<br>*Myosotis palustris* | 0–10 | IV–V himmelblau | 20–30 |
|  | Schwanenblume<br>*Butomus umbellatus* | 20–30 | VII–VIII zartrosa | 80–100 |
|  | Pfeilkraut<br>*Sagittaria sagittifolia* | 30–40 | VI–VIII weiß | 30–50 |
|  | Wasserminze<br>*Mentha aquatica* | 20–30 | VI–IX violett | 40–50 |
|  | Bachbunge<br>*Veronica beccabunga* | 10 | V–IX blau | 20–30 |
|  | Straußfelberich<br>*Lysimachia thyrsifolia* | 30–40 | VI–VIII gelb | 60 |
|  | Krebsschere<br>*Stratiotes aloides* | Schwimm-<br>pflanze | V–VII weiß | Schwimm-<br>pflanze |
|  | Froschbiss<br>*Hydorcharis morsus-ranae* | Schwimm-<br>pflanze | VII–VIII weiß | Schwimm-<br>pflanze |
|  | Hornblatt<br>*Ceratophyllum demersum* | Unterwasser-<br>pflanze | Unscheinbar | teppichartig |

## Feuchtbiotop

Ein Biotop ist ein Lebensraum in dem eine Gemeinschaft von bestimmten Pflanzen und Tieren zu beiderseitigem Nutzen leben kann, ein Feuchtbiotop demgemäß ein Lebensraum für Pflanzen und Tiere, die im Wasser oder Sumpf leben. Unser Teich wurde angelegt, um Wasserpflanzen wachsen zu lassen und Wasserinsekten wie Libellen sowie Amphibien damit anzulocken. Ein Teich, der mit diesem Ziel angelegt wird, muss weder groß noch tief sein. Denn auch in der Natur laichen Frösche, Kröten, Molche und Unken in flachen Tümpeln ab. Amphibie heißt, frei übersetzt, „Doppellebige". Diese Tiere leben sowohl im Wasser als auch auf dem Land. Das Kleingewässer brauchen sie vor allem zu ihrer Vermehrung, zum Ablaichen. Spätestens im Herbst verlassen sie ihr Laichgewässer und suchen einen Unterschlupf für den Winter an Land. Nur wenige Froscharten überwintern auf dem Gewässerboden.

Fische haben in Teichen, die kleiner als 20 Quadratmeter und flacher als 1,20 Meter sind, nichts zu suchen. Sie verdrängen andere Lebewesen und reichern das Wasser mit ihren Ausscheidungen an, was erhöhten Algenwuchs bedeutet. Wichtiger als die Teichtiefe ist bei Biotopteichen deren Profil. Die Grube sollte von den Rändern sachte abfallen, das Gefälle nicht steiler als 1:3 (1 m Tiefe nach 3 m Strecke) sein.

## Wasserpflanzen

Bei der Auswahl der Wasserpflanzen kommt es vor allem darauf an, in welche Tiefe man sie setzen will. Seerosen gelten als die wichtigsten Vertreter der Pflanzen, die in einer Tiefe von 50 cm und tiefer wachsen. Es gibt allerdings auch einige Sorten, die besser in 30 bis 40 cm tiefem Wasser gedeihen. Deshalb ist es wichtig, die Pflanzen sorgfältig auf die Tiefenzonen des Teichs abgestimmt auszuwählen. Pflanzt man eine Seerose, die in tiefem Wasser zuhause ist, zu flach, dann überwuchert sie den ganzen Teich und verdrängt die anderen Wasserpflanzen. Umgekehrt kommt eine zu tief gesetzte Seerose nicht so leicht zum Blühen. Das Sortiment an Seerosensorten ist groß. Es lohnt, sich genau über die verschiedenen Sorten und ihre Eigenschaften zu informieren.

Andere Wasserpflanzen wie das Pfeilkraut oder der Tannenwedel gedeihen im seichten Wasser von etwa 30 bis 50 cm Tiefe. Der Randbereich von 0 bis 30 cm gilt als Flachwasserzone. Hier wachsen die meisten Wasserpflanzen, von der Sumpfdotterblume *(Caltha palustris)* über den Rohrkolben (*Typha*-Arten) bis hin zu Wasserschwertlilien *(Iris pseudacorus),* Kalmus *(Acorus calamus)* und vie-

Seerosen in Gitterkörbe pflanzen.

Eine Schwanenenblume in den Teich setzen.

Froschbiss (Alisma platago-aquatica)

Krebsschere (Stratiotes aloides)

len anderen. Außerdem laichen die Amphibien in dieser Zone ab, weshalb man sie möglichst großzügig gestalten sollte.
Die Wasserpflanzen kann man in speziellen Pflanzgefäßen aus Kunststoff oder Kokosfaser oder direkt auf die Folie setzen und ihren Wurzelballen mit ein paar größeren Kieselsteinen beschweren.

### Weiße Seerose *(Nymphaea alba)* 'Gisela'

Die Weiße Seerose *(Nymphaea alba)* ist in vielen unserer natürlichen Gewässer beheimatet. Dort kommt sie in ruhigen Seebuchten und Teichen vor. Sie kann in Wassertiefen von 60–200 cm gedeihen. Wobei ihre Blüten nicht immer weiß, sondern manchmal auch rosa gefärbt sind. Zahlreiche Seerosen-Kreuzungen sind aus der Weißen Seerose hervorgegangen. So auch die Seerose 'Gisela', die ein österreichischer Seerosenzüchter auf den Vornamen meiner Frau getauft hat. Neben der weiß blühenden Nymphaea alba gedeiht diese Seerose in unserem Teich in 50 cm Tiefe und blüht ab Juni zartrosa bis weiß.

## Wasserpflanzen einsetzen

Wasserpflanzen werden in der Regel im Container verkauft. Man kann sie austopfen und einfach auf den Teichboden setzen, noch bevor Wasser eingelassen wird. Wichtig: die richtige Tiefe beachten und die Pflanzen mit feuchten Tüchern abdecken, vor allem wenn die Sonne scheint. Gegen das Aufschwimmen der Pflanzen werden die Wurzelballen mit größeren Kieselsteinen beschwert. Das Gleiche gilt für Unterwasserpflanzen wie Wasserpest oder Hornblatt.

Größere Wasserpflanzen wie z. B. Seerosen pflanzt man besser in Körbe aus Kunststoff oder Kokosfaser. Zum Pflanzen mischt man Kies und lehmige Erde zu etwa gleichen Teilen und setzt die Pflanze in den Korb. Anschließend wird die Erde im Korb mit einer Lage Kieselsteinen beschwert. Ein Vorteil der Pflanzung in Körbe: Man kann sie auch in den bereits gefüllten Teich einsetzen.
In die Mitte setzte ich die beiden Seerosen, eine weiße und später eine rosa blühende mit dem Sortennamen 'Gisela'. In einer Wasserpflanzengärtnerei kaufte ich außerdem einen kleinen Rohrkolben *(Thypha minima)*, drei Sumpfdotterblumen *(Caltha palustris)*, zwei Sumpfvergissmeinnicht *(Myosotis palustris)*, sowie eine Zwergbinse *(Juncus ensifolius)*.
Wichtig waren mir auch Schwimmpflanzen – ich setzte Froschbiss *(Hydrocharis morsus-ranae)* und Krebsscheren *(Stratiotes aloides)* ein – sowie Unterwasserpflanzen, ich wählte Hornblatt *(Ceratophyllum demersum)*. Drei Wasserschwertlilien *(Iris pseudacorus)*, einen Kalmus *(Acorus calamus)*, einen Straußfelberich *(Lysimachia thyrsifolia)* hatte ich aus dem Bühler Garten mitgebracht.
Ich setzte alle Pflanzen auf die Folie und beschwerte ihre Wurzeln mit ein paar Kieselsteinen.
Die Folie deckte ich mit feinem Kies ab, den ich aus einer Kiesgrube geholt hatte.

## Der Steg

Über den Wassergraben baute ich einen Steg von 70 Zentimeter Breite und 2,10 Meter Länge, der über den Wassergraben führt und die Terrasse mit dem Garten auf der anderen Seite des Grabens verbindet. Dann ließ ich den Teich aus dem Schlauch langsam, mit mehreren Unterbrechungen, in denen das Wasser von der Sonne erwärmt wurde, voll laufen. In den ersten Tagen blieb das Wasser klar, dann stellten sich Algen ein. Aus meiner Erfahrung mit anderen Garten-

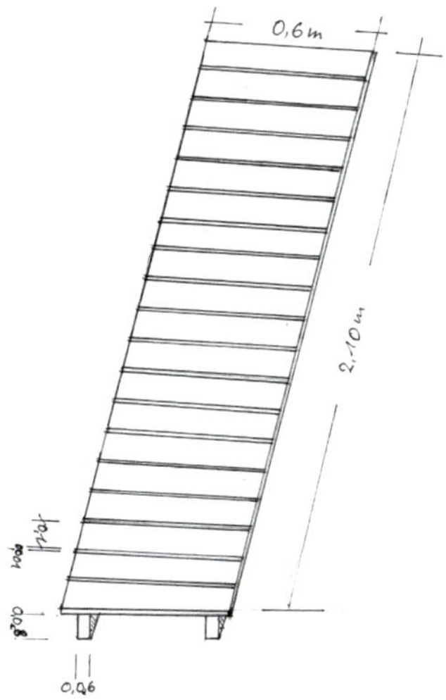

teichen wusste ich, dass dies bei jedem neuen Teich eine ganz normale Erscheinung war und fischte die Fadenalgen heraus. Nach ein paar Wochen war der Teich frei von Algen, und die Seerosen blühten auf.

Im Lauf der Jahre breiteten sich die Seerosen immer stärker aus. Der kleine Rohrkolben dagegen verschwand. Auch die Schwanenblume *(Butomus umbellatus)* und das Pfeilkraut *(Stratiotes aloides)* verschwanden mit der Zeit. Die zurückbleibenden Pflanzen eroberten den Teich.

Es hat mich auch bei der Anlage anderer Teiche schon erstaunt, dass, sobald der Teich mit Wasser gefüllt war, sich auch schon die ersten Libellen einstellten, manchmal sogar verschiedene Arten. So auch dieses Mal. Bald schwirrten die Große Königslibelle und Azurjungfern über und um den Teich herum. Etwas später konnten wir auch die Heidelibellen beobachten. Entweder kamen sie als „blinde Passagiere" mit den Pflanzen aus der Gärtnerei oder sie haben einen so guten Instinkt, dass sie von einem anderen Gewässer kommend die neue Wasserstelle und damit ihren neuen Lebensraum riechen und angeflogen kommen, um ihn zu besiedeln.

So wie die Amphibien! Es dauerte auch nicht lange, bis wir die erste Kröte, genauer gesagt eine Erdkröte entdeckten, und durch das nunmehr glasklare Wasser konnten wir auch bald einem Bergmolchpärchen zuschauen. Oft fand sich die ganze Familie auf dem Steg ein, um diese quirlige Welt der kleinen und größeren Wassertiere zu bewundern.

## Enten: hübsch aber unerwünscht

An einem Sonntagnachmittag saßen wir auf der Terrasse am Kaffeetisch, da hörten wir plötzlich ein Rauschen und „platsch!", schwammen zwei Enten auf unserem kleinen Teich. Mich wunderte, dass dieses Entenpärchen ausgerechnet unsere winzige Wasserfläche ausgewählt hatte, denn bisher glaubte ich, dass sich Flugenten nur von größeren Gewässern angezogen fühlen. Diese Enten waren besonders farbenprächtige Exemplare, jedenfalls keine Stockenten. Ich musste erst in einem Buch nachschlagen, um sie als „Hochbrut-Flugenten" zu identifizieren. Sie waren auch äußerst zutraulich und ließen sich sogar füttern.

Was man eigentlich nicht tun soll! Denn Enten sind in einem so kleinen Teichbiotop absolut fehl am Platz. Sie gründeln, wühlen also auf der Suche nach Nahrung den Teichboden auf, machen auch vor den Wasserpflanzen nicht halt und reichern das Wasser durch ihren Kot mit Nährstoffen wie Nitrat und Phosphat an, was wiederum verstärkten Algenwuchs zur Folge hat. Da war es nicht ratsam, sie durch „Anfüttern" auch noch an den Teich zu gewöhnen,

All das wusste ich. Doch meine Familie und ich, wir hatten so viel Freude an diesem unerwarteten Besuch, dass ich es nicht übers Herz brachte, sie zu verjagen. Das tat ich erst am Abend, bevor wir ins Haus gingen.

Am nächsten Tag tauchten sie noch einmal auf. Da verjagte sie Gisela. Von da an waren die Enten nicht mehr zu sehen. Die Pflanzen in unserem Teich sahen nach ihrem Besuch ziemlich gerupft aus, doch sie erholten sich schnell. Das Wasser war bald wieder klar, die Pflanzen haben sich schnell wieder erholt. Und der Algenwuchs hielt nur kurze Zeit an und ließ sich leicht eindämmen, indem wir die Algenwatten abfischten.

## Große Pflegeaktion

Fünf Jahre nach der Anlage des Teichs hatten sich manche Pflanzen stark ausgebreitet, vom Rand her war das Pfennigskraut und Gras in den Teich hineingewachsen. Sie bildeten einen Filz. Dieses kleine Gewässer drohte zu verlanden. Der Zeitpunkt für einen ersten großen Eingriff war gekommen. Der günstigste Zeitpunkt dafür ist der Herbst, wenn die Amphibien das Wasser verlassen haben.

.An einem sonnigen, noch warmen Tag Ende Oktober schöpften wir das Wasser mit Eimern heraus und sammelten es in leeren Tonnen, Wannen und was wir an Gefäßen zur Verfügung hatten. Dann schaufelten wir den Schlamm heraus und dünnten den Pflanzenbewuchs aus, so dass von jeder Art nur noch ein bis drei Pflanzen übrig blieben. Ich hatte unsere Schubkarre neben den Teich gestellt und ein großes Erdsieb darüber gelegt. Darauf breiteten wir die herausgezogenen Pflanzen und den Schlamm aus, um noch kleine Wassertiere und Libellenlarven aufzuspüren, die wir in mit Teichwasser gefüllten Weckgläsern aufbewahrten und nach Ende der Aktion wieder in den Teich setzten.

Der Teich hatte durch das Ausdünnen der Pflanzen wieder mehr Fassungsvolumen gewonnen, so dass ihn das zurückgegebene Wasser nicht mehr ganz ausfüllte. Doch wir vermieden es, Leitungswasser nachzufüllen und warteten einfach auf den nächsten Regen, der den Teich füllte. So blieb das Mikroplankton, das für klares, algenfreies Wasser sorgt, erhalten, und es wuchsen auch keine Algen.

Im Lauf von 30 Jahren spielte es sich ein, dass wir eine solche Reinigungsaktion alle fünf Jahre durchführen. Wichtig ist uns dabei immer, die vielen kleinen Lebewesen zu retten und wieder in ihr angestammtes Kleingewässer zurückzuführen.

Im ungewöhnlich warmen Frühjahr und Frühsommer sank der Wasserspiegel immer weiter ab. Selbst ein in dieser Zeit seltener Regenschauer füllte den Teich nur kurzzeitig auf. Nach ein paar Tagen sank der Wasserspiegel wieder ab. So dachten wir, dass die dünne Teichfolie nach 33 Jahren wirklich undicht geworden war.

Ich maß den Teich noch einmal neu aus und bestellte eine EPDM-Folie. Dann begann ich den Teich auszuräumen. Die Seerosen hat-

→ Bei diesem kleinen Teich war es möglich, das gesamte Wasser in Tonnen, Wannen und anderen großen Gefäßen zu sammeln und nach der Reinigung wieder in den Teich zurückzufüllen. Einfacher wäre es gewesen, das Wasser abzupumpen und den Teich nach der Reinigung mit Leitungswasser zu füllen.
Doch das Teichwasser hatte über Jahre hinweg mit allen darin enthaltenen Mikroorganismen sein biologisches Gleichgewicht gewonnen, in denen alle Lebewesen am besten gedeihen können.

ten einen kräftigen Wurzelstock mit vielen Nebenwurzeln gebildet. Auch die anderen Wasserpflanzen waren in einem dicken Filz verflochten. Zum Teil musste ich mit dem Spaten diesen Filz zerteilen und mit den Händen die einzelnen Plaggen heraus reißen. Für die Seerosen und die Wasserpflanzen, die wir erhalten wollten, stellten wir ein aufgeblasenes Kinderplanschbecken, dass wir für unsere Enkel angeschafft hatten, in unsere schattige Weidenlaube, füllten es mit Wasser und setzten die Pflanzen dort hinein.
Ich hatte drei Tage zu tun, um den Ton, den ich damals von meinem Nachbarn bekommen und rund um die Wasserpflanzen auf dem Teichboden verteilt hatte – ich dachte er trage positiv zum biologischen Gleichgewicht im Teich bei – so wie den Kies, den ich damals auf der Folie ausgebreitet hatte, herauszuschaffen, bis die Folie freigelegt war. Der Kies war aufgrund des wochenlangen Wassermangels trocken. Gisela siebte ihn aus, damit wir ihn wieder verwenden konnten. Es war eine Heidenarbeit.
Beim Herausziehen der Folie fiel mir auf, dass die Pflanzen rund um den Teich, vor allem auch der Zierapfel, ihre Wurzeln über den Teichrand hinweg in den Teich geschickt hatten. Wahrscheinlich war die Folie gar nicht undicht. Ich hätte nur von Zeit zu Zeit einmal überprüfen müssen, ob die Folienkante noch senkrecht steht und ihre Funktion als Kapillarsperre erfüllt. Dann hätte ich rechtzeitig bemerkt, wenn Wurzeln von außen in den Teich gewachsen waren.
Doch nun war es zu spät. Beim Herausnehmen der Pflanzen hatte ich die Folie beschädigt und zog sie nun ganz heraus.
Das Vlies hatte die 33 Jahre unbeschadet überstanden. Es konnte drin bleiben. Am dritten Tag breitete ich die neue 1,5 Millimeter dicke EPDM-Folie darin aus. Da sie sehr weich ist, ließ sie sich gut der Teichmulde anpassen. Ich strich sie so glatt wie möglich und legte die unvermeidbaren Falten nach der Seite um und beschwerte sie mit Steinen.
Die Seerosen hatten einige Ableger gebildet. Doch wir entschieden uns dafür, nur zwei Seerosen zurück in den Teich zu setzen. Auch von den anderen Wasserpflanzen setzten wir nur wenige in den Teich. Schließlich breiteten wir den gesiebten und gewaschenen Kies wieder auf der Folie aus. Und dann konnten wir den Teich mit Wasser füllen.
Schon wenige Tage, nachdem dies geschehen war, entdeckten wir einen großen Grasfrosch. Er hatte unter einem großen Stein in der Flachwasserzone des Teichs einen Unterschlupf gewonnen, wo er stundenlang regungslos saß und hervorlugte. Bald darauf entdeckten wir noch einen zweiten, kleinen Frosch. Auch die Königslibelle war bald wieder da und drehte ihre Runden über dem Teich.

# Rasen nur noch als Wegefläche

Nach der Anlage des Teichs sowie der Wabenbeete und des Frühbeetkastens blieb vom vorhandenen Rasen nicht mehr viel übrig. Er diente nur noch als Wegefläche. Die war so klein, dass wir auf einen motor- oder elektrisch betriebenen Rasenmäher verzichten konnten. Uns reichte ein alter Handrasenmäher, den ich von meinen Eltern hatte. Es war nicht besonders schwer und dauerte nicht lange, diese kleine Fläche zu mähen. Wir ließen das Schnittgut einfach liegen.

## Rasenpflege voll biologisch

### Rasen im Biogarten? Rasen im Naturgarten? – Passt das denn?

Während meiner Zeit als Redakteur und später als Chefredakteur war das Thema Rasen und Rasenmäher oft ein Horror für mich. Dabei hatte ich anfangs ja meinen Minirasen selber im Garten. Was mir an diesem Thema nicht gefällt, ist der Rasenkult, der Kult mit dem „englischen“ Rasen, der immer kurz geschoren und sattgrün aussehen soll und deshalb jede Woche mit Lärm, zum Teil Gestank und Energieverschwendung gemäht und mit Mineraldüngern und Unkrautvernichtungsmittel gepuscht wird. Die Kolleginnen und Kollegen aus der Anzeigenabteilung waren immer ganz wild auf dieses Thema und wollten, dass davon möglichst viel im Blatt steht, weil sie glaubten, damit viele Anzeigen für Rasenmäher an Land zu ziehen – wobei der „Erfolg“ meistens ausblieb.

Dabei kann Rasen eine sinnvolle Alternative zur Bodenversiegelung sein, wenn man ihn alternativ zur Pflasterfläche als Wegebelag einsetzt. Und man kann ihn absolut umweltfreundlich nach ökologischen Regeln anlegen, z. B. mit organischen Langzeitdüngern als Nährstoffvorrat für den Anfang. Für größere Flächen gibt es Mulchmäher, die durch ein besonderes Mähwerk das Schnittgut fein gehäckselt auf der Grasnarbe verteilen. Die Mikroorganismen verarbeiten dieses Schnittgut im Handumdrehen zu nährstoffreichem Humus, der wiederum von den Gräsern aufgenommen wird. So entsteht ein perfekter Kreislauf der Nährstoffe. Zusätzliche Düngung ist nicht mehr erforderlich. Für kleine Flächen reicht ein Handrasenmäher aus, der zugleich ein Spindelmäher ist und das Gras viel sauberer schneidet als die üblichen Sichelmäher. Allerdings muss man öfter mähen, kann aber dann wie bei einem Mulchmäher das Schnittgut auf der Rasenfläche liegenlassen.

*Rasenschnittgut nach dem Mulchmähen, Spindelmäher*

**Bodendeckende Stauden als Rasenersatz**

| Pflanze | | Standort | Höhe (cm) | Blüte | Eigenschaften |
|---|---|---|---|---|---|
|  | Römische Kamille<br>*Chamaemelum nobile* | So–hs | 15–20 | VI–VII<br>weiß mit<br>gelber Mitte | Trittfest, beim<br>Betreten steigt<br>Kamilleduft auf. |
|  | Römische Kamille<br>*Chamaemelum nobile*<br>'Plenum' | So–hs | 15–20 | VI–VIII<br>weiß gefüllt | Trittfest mit<br>Kamilleduft |
|  | Teppichkamille<br>*Chamaemelum nobile*<br>'Treneague' | So–hs | 10 | Blüht nicht | Sehr trittfest, im<br>Winter empfindlich |
|  | Stachelnüsschen<br>*Acaena buchananii* | So–s | 5–10 | VI–VII<br>weiß | Dichter Bewuchs<br>mit blaugrünen<br>Blättern |
|  | Scharfer Mauerpfeffer<br>*Sedum acre* | So | 5–10 | VI–VII | Auch für Pflaster-<br>fugen geeignet |

## Rasenersatz

Einige flach wachsende Kräuter und Stauden eignen sich gut als Rasenersatz. Im Gegensatz zum Rasen muss dieser Bewuchs nicht gemäht werden. Er wird entweder durchs ständige Betreten kurz gehalten (z. B. Römische Kamille) oder bleibt aufgrund seines flachen Wuchses dicht am Boden (z. B. Stachelnüsschen).

## Kleine Erweiterungen

Es gibt nicht viele Kräuter, die im Wasser wachsen, jedenfalls nicht in Gartenteichen. Doch mich reizte dieses Thema, und wir verwenden Kräuter ja seit jeher für Tees. So beschloss ich, das Stück Rasen zwischen dem Teich und der Terrasse für einen „Kräuter-Wassergraben“ zu opfern.

Ich stach also die Grassoden in einem Meter Breite ab. Parallel dazu grub ich die Stauden auf den kleinen Beeten zu beiden Seiten der Terrasse aus, hob die Erde in Spatenstichtiefe aus und legte die Grassoden mit der grünen Seite nach unten dort hinein. Anschließend deckte ich sie mit dem Aushub für den Wassergraben zu und schaufelte die ursprüngliche Erde der Beete dort wieder hinauf. Durch die Grassoden und die Erde aus dem Graben wurden sie natürlich höher. Deshalb baute ich zwei kleine Trockenmauern, an der Rückseite aus alten Ziegelsteinen und an der Seite zur Terrasse hin mit kleinen Nagelfluhsteinen, einem Restposten, den ich von einem Landschaftsgärtner bekommen hatte. Auf diese Weise hatte ich einen kleinen Höhenunterschied in die Fläche rund um die Terrasse geschaffen, durch den die Stauden noch etwas mehr hervorgehoben werden.

Mein Nachbar zur Linken hatte ein Jahr nach seinem und unserem Einzug versucht, seinen Gartenteich mit Ton abzudichten. Da es mich interessierte, und ich an der Erfahrung mit dieser Tonabdichtung einmal teilhaben wollte, hatte ich ihm geholfen, an mehreren Feierabenden den Ton von der Garageneinfahrt in den Garten zu karren. Doch meine Warnung, dass das Teichgefälle zu steil für eine Tonabdichtung war, blieb ungehört. Stattdessen versuchten er, seine Familie, unsere Kinder und die des anderen Nachbarn den Ton mit Füßen festzustampfen. Nach ein paar weiteren Warnungen hielt ich meine Bedenken zurück, fotografierte und war gespannt, ob das eingefüllte Wasser nun im Teich stehenblieb oder nach kurzer Zeit versickerte.

Es blieb nicht stehen, auch nach mehrmaligem Nachfüllen nicht.

Schließlich gab mein Nachbar auf und ließ sich eine Folie einbauen. Einen Teil des Tons bekam ich von ihm für meinen Kräuterwassergraben.
„Der hat das nur falsch gemacht, ich weiß aber, wie man's richtig macht, und dann bleibt das Wasser stehen", dachte ich. Ich achtete zunächst darauf, dass die seitlichen Grabenwände so sachte wie möglich abfielen. Dann stampfte ich den Boden mit einem Handstampfer sorgfältig fest. Schließlich breitete ich den Ton in dünnen Lagen aus und stampfte wiederum jede einzelne fest. – Doch auch bei mir blieb das Wasser nicht lange stehen. Erst später lernte ich dazu, dass es mit einem sachten Gefälle und sorgfältigem Stampfen nicht getan ist. Auch ich legte schließlich eine Folie in den Wassergraben. Den Ton breitete ich als Substrat für die Wasserpflanzen auf der Folie aus. Als Kräuter pflanzte ich natürlich die Wasserminze. Außerdem aber auch Fieberklee, Brunnenkresse, Bachbunge und Kalmus. Später kamen zwar keine Kräuter aber Etagenprimeln dazu, die halb im Wasser, halb in der Erde am feuchten Rand gut gediehen. Auch Schachbrettblumen blühen dort regelmäßig.
Andererseits trocknete dieser Graben in langen trockenen, sommerlichen Perioden regelmäßig aus. So gediehen darin mehr Unkraut und Gras als Kräuter. Wir entfernten nach und nach die Folie.
Gisela hat den Graben mit Gartenerde und Kompost aufgefüllt und ein Minzenbeet gepflanzt, von dem wir frische Minzen für unseren abendlichen Tee ernten können.

**Porträt: Römische Kamille**
*(Chamaemelum nobile)*

Man verwendet sie gern auf Wegen und sogar in Pflasterfugen sowie als Rasenersatz. Es gibt sogar eine Sorte, die Rasenkamille oder Teppichkamille genannt wird: 'Treneage'. Sie blüht nicht, sondern bleibt gedrungen. Sie breitet sich wie ein Teppich aus. Allerdings soll sie nicht ganz winterhart sein. Die anderen Sorten der Römischen Kamille blühen weiß und ungefüllt (C. nobile) oder gefüllt (C. nobile 'Plenum'). Beide breiten sich auch rasenartig aus, sie sind robuster als die „Rasenkamille" und ebenso begehbar.

*Ein Blühstreifen in einem Kleingarten.*

# Versuch mit Pilzen

Schon in unserem Bühler Garten hatte ich einen Versuch mit der Kultur von Speisepilzen gemacht, sowohl auf Stroh als auch auf Holz. Der Versuch auf Stroh war, wie der Name vermuten lässt, eher ein „Strohfeuer". Ich versuchte es mit Kulturträuschlingen, die man irreführender Weise auch als „Braunkappen" bezeichnet. Es gab ein, zwei Pilzmahlzeiten, doch dann wuchsen immer weniger Pilze und das ganze Strohbeet sackte in sich zusammen. Besser ging es auf Holz. Ich beimpfte sowohl ein paar Eichenstämme als auch Buchenstämme. Sie brauchten fast ein Jahr, bis aus ihnen Pilze hervor wuchsen, es waren auch nie viele, doch dafür hielt die Ernte etwas länger an. Ein paar dieser Pilzstämme brachte ich in unseren neuen Garten mit. Nachdem wir hier ein- oder zwei Jahre gewohnt hatten, interessierte sich einer unserer Nachbarn für die Pilzkultur. In einem Dorf in der Nähe gab es eine gewerbliche Pilzkultur.

Dort konnten wir Pilzbrut kaufen. Unser Nachbar hatte Zutritt zu einem verwilderten Grundstück, auf dem eine gefällte Birke lag. Von der sägten wir uns einige Stammstücke ab und brachten sie in unsere Gärten. Ich impfte sie mit der Pilzbrut des Sommerausternseitlings und des Shiitake. Die Ernte ließ ein Jahr lang auf sich warten, doch dann wuchsen Pilze in einigen Schüben. Von diesen Birkenstämmen konnten wir innerhalb von zwei, drei Jahren ein paar Mal ernten, dann hatte das Pilzmycel die Stämme von innen derart zersetzt, dass sie sich anfühlten wie Papier und schließlich in sich zusammenfielen. Ein Problem bereiteten uns, wie auch beim Gemüse, die Schnecken. Sie stürzten sich auf die Pilzbrut und vernichteten so manche Ernte. Als ich dann den Kreativgarten bekam, nahm ich die noch einigermaßen intakten Stämme dorthin mit, wo sie noch eine Zeitlang vereinzelte Pilze hervorbrachten.

*Austernseitling: Pilzbrut auftragen, zweiten Klotz aufsetzen, mit Klebeband verschließen (von oben links nach unten rechts); Keilschnitt mit Shii-take-Brut verschließen.*

## Pilzkultur

Ausgesprochene Waldpilze wie Steinpilz, Maronenröhrling und andere lassen sich nicht im Garten kultivieren. Sie gedeihen nur in Verbindung mit dem Wurzelgeflecht eines Baumes als Symbiosepartner. Kultivieren können wir nur Pilze, die auf Holz, Stroh, Kompost oder ähnlichen Substraten wachsen. Fälschlicherweise wird bei der Pilzkultur oft von „Pilzzucht" oder vom „Pilze züchten" gesprochen. Das ist falsch, auch im Zusammenhang mit anderen Pflanzenkulturen. Eine Züchtung entsteht, wenn man verschiedene Pflanzensorten mit einander kreuzt und die Kreuzungen selektiert, so dass eine neue Sorte entsteht. Alles andere bedeutet heranziehen von Pflanzen oder einfach Pflanzenkultur. Wichtig bei der Pilzkultur ist die Wahl des richtigen Holzes, Strohs oder Substrats. Als Hölzer eignen sich Eiche, Buche, Ahorn, Birke, Weide, sowie das Holz von Obstbäumen. Nadelhölzer sind ungeeignet. Das Stroh sollte garantiert nicht mit Fungiziden behandelt worden sein. Am besten bezieht man es von einem Biobauern.

### Pilzkultur auf Stroh

Das Stroh muss dicht gepresst und gleichmäßig durchfeuchtet aber nicht triefend nass sein. Dafür eignen sich mit Hochdruck gepresste Strohballen, oder Stroh, das man von Hand in einen Plastiksack presst, der mit Löchern versehen wurde. Möglich ist auch die Kultur in einer spatenstichtief ausgehobenen Grube mit gut durchfeuchtetem, festgestampftem Stroh, das man mit nussgroßen Stücken der Pilzbrut impft.

### Pilzkultur auf Holz

Bei der Pilzkultur auf Holz gibt es verschiedene Methoden der Impfung:

1. *Sandwich-Methode:* Man stapelt zwei oder mehrere Stammstücke übereinander. Auf der Schnittstelle des unteren Stammstücks wird die Pilzbrut ausgebreitet und darauf anschließend ein weiteres Stück gesetzt. Die Übergangsstellen mit der Pilzbrut werden mit einem Klebeband umwickelt und auf diese Weise verschlossen.
2. *Bohrloch-Methode:* Ein Stammabschnitt, hier Birke, wird rund herum mit 3 cm großen Bohrlöchern versehen, die Pilzbrut dort hineingestopft und mit Klebeband verschlossen.
3. *Sägeschnitt-Methode:* in 20 cm Abstand wird der Stamm keilförmig angeschnitten. In diese keilförmigen Einschnitte wird die Pilzbrut gepresst und mit Klebeband versiegelt.

Wichtig ist auch bei der Pilzkultur auf Holz, dass die Hölzer gleichmäßig befeuchtet sind und bleiben. Stroh wird innerhalb weniger Wochen vom Pilzmycel durchwachsen. Der geeignete Pilz ist der Kulturträuschling, auch Braunkappe genannt. Die Fruchtkörper erscheinen dann reichlich in mehreren Schüben, doch meist ist es dann auch vorbei.
Bei Holz kann es Monate oder ein ganzes Jahr dauern, bis sich erste Fruchtkörper zeigen. Dafür kann man aber auch drei bis fünf Jahre lang ernten. Auf Holz wachsen Austernseitling, Stockschwämmchen, Samtfußrübling, Südlicher Schüppling, Judasohr (auf Holunder) und Shiitake.

*Shii-take-Pilze wachsen am Birkenstamm (oben). Buchenstammstück mit Austernseitlingen (unten).*

# Teil 2:
# Endlich unser Eigentum!

Unser Haus mit dem Garten kostete Monat für Monat einen hohen Mietpreis. Geld, das mit jeder Mietzahlung unwiederbringlich verlorenging. Lieber hätte ich damit ein eigenes Haus abbezahlt. Ich fragte den Enkel der Besitzerin, ob sie mir das Haus nicht verkaufen wolle. Doch er lehnte das höflich ab, unter anderem aus steuerlichen Gründen.

Nachdem wir fünf Jahre in dem Haus gewohnt und Miete gezahlt hatten, erfuhr ich gegen Ende des Jahres 1994, dass der Steuerparagraph 7b, mit dessen Hilfe der Kauf eines Hauses steuerlich begünstigt wurde, mit Beginn des Jahres 1995 abgeschafft und durch einen neuen Paragraphen ersetzt werden sollte. In der Zeitung las ich, dass die Vergünstigung des Paragraphen 7b in Anspruch nehmen könne, wer noch vor dem Jahreswechsel ein Haus erwirbt. Daraufhin schrieb ich dem Enkel der alten Dame einen Brief, in dem ich ihm den Vorschlag machte, uns das Haus zu verkaufen und das Geld, das er von uns bekäme, in ein neues Bauvorhaben zu investieren. Dann hätten wir beide steuerlich etwas davon, argumentierte ich. Und siehe da, der Enkel biss an. Seine Großmutter und er waren bereit, uns das Haus zu verkaufen. Kurz vor dem Jahreswechsel trafen wir uns beim Notar.

# Der Traum vom eigenen Gewächshaus

Von nun an waren das Haus und der Garten unser Eigentum. Wir konnten ihn nach unserem Belieben gestalten, mussten nicht befürchten, dass wir unsere Gestaltung rückgängig machen müssten. In dieser neu gewonnenen Freiheit entwarf ich einen neuen Plan. Zu meinen lang gehegten Gartenträumen gehörte ein Gewächshaus. Da es ein Bauwerk ist, musste ich es vor allen anderen neuen Maßnahmen in Angriff nehmen, denn von ihm hing die weitere Gestaltung des Gartens ab.

Doch wohin mit dem Gewächshaus? Die Lichtverhältnisse in unserem Garten sind nicht sehr günstig. Morgens wirft unser Haus von Osten her seinen Schatten bis über die Hälfte des Gartens. Mittags, wenn die Sonne im Süden steht, scheint die Sonne eigentlich der ganzen Länge nach in den Garten. Eigentlich! Denn inzwischen sind die Gehölze des Nachbarn an der Südseite so groß geworden, dass auch sie ihren Schatten auf etwa ein Drittel in unseren Garten werfen. Wir wollten auch nicht unsere Nachbarn dazu drängen, die Gehölze zurück zu schneiden, denn sie würden ja auch eine Kulisse für die Stauden bilden, die wir noch pflanzen wollten.

Ab nachmittags um 16.00 Uhr, im Winter schon ab etwa 15.15 Uhr wirft der zweistöckige Wohnblock, der an der Rückseite unseres Gartens steht, seinen Schatten. Zwischen all dem Schattenwurf galt es nun, den Platz für das Gewächshaus auszusuchen, der das meiste Sonnenlicht genießt. Andererseits sollte dieses, wenn auch kleine, Bauwerk nicht zu dominant mitten im Garten stehen und ihn optisch zerreißen.

## Erdgewächshaus

Und die Größe? Die Form? – Es sollte ein Erdgewächshaus werden. Solche Gewächshäuser waren vor 40, 50 Jahren in vielen Gärtnereien noch gang und gäbe. Mit ihren Fundamenten reichten sie tief in die Erde, hatten rechts und links Hängeborde oder erhöhte Erdbeete und in der Mitte einen Gang, von dem aus man die Saat- und Pikierkisten sowie Blumentöpfe oder Beete bewirtschaftete.

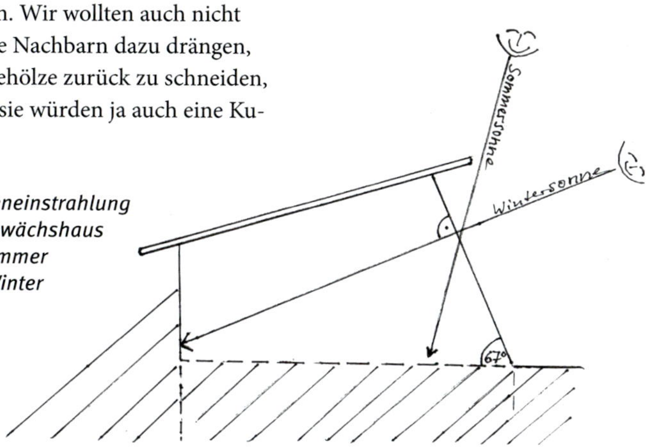


*Sonneneinstrahlung ins Gewächshaus im Sommer und Winter*

Das Glasdach eines solchen Hauses reichte mit seiner Traufe bis dicht über den Boden außerhalb. Diese Erdgewächshäuser wurden im Winter durch die Erde vor Kälte und Frost geschützt. Man sparte auf diese Weise Heizkosten. Doch ich wollte das Gewächshaus gar nicht heizen.

Nun stellte sich die Frage nach der Größe. Es sollte nicht allzu groß sein, gerade so, dass im Sommer darin Gurken oder Tomaten oder andere Wärme liebende Gemüsearten gedeihen können, und dass wir im Winter unsere Kübelpflanzen darin (einigermaßen) frostfrei unterbringen konnten. Ich maß im Garten verschieden große Flächen und steckte sie mit Stöcken ab. Außer der Fläche für das Gewächshaus brauchte ich noch Platz für die Treppe, die zu seiner Tür hinabführt. So kam ich auf eine Fläche von etwa 3 x 3 Meter mit zusätzlich 1,20 x 2,5 Meter für den Treppenabgang. Bevor ich begann, nach diesen groben Maßen zu planen, stellte sich die Frage: Brauche ich dafür eine Baugenehmigung? Ich rief beim Bauamt an, sagte, ich wolle ein Gewächshaus bauen, mit etwa 3 x 3 Meter Grundfläche und 2,50 Meter Firsthöhe. Brauche ich dafür eine Baugenehmigung? – Die Antwort lautete eindeutig „Nein". Auch einen bestimmten Abstand zur Grenze des Nachbarn müsse ich bei einem so kleinen Bauwerk nicht einhalten. In meiner Planung und bei späteren Bauten hielt ich dennoch einen Meter Abstand zur Gartengrenze ein.

## Den Schatten messen

Gerade im kleinen Reihenhausgarten gibt es leicht Probleme mit dem Schatten. Das eigene Haus, das Haus des Nachbarn sowie hohe Bäume und Hecken werfen zu verschiedenen Tageszeiten ihren Schatten in den Garten. Wer dennoch das Sonnenlicht so gut es geht ausnutzen möchte, sollte ein ganzes Jahr lang den Schattenwurf beobachten und von der Hauswand und der Grundstücksgrenze aus messen, wie weit der Schatten zu unterschiedlichen Jahreszeiten in den Garten hineinfällt. Besonders wichtig ist dies für den Anbau von Obst und Gemüse, das Anlegen eines Teiches und den Bau eines Gewächshauses oder Wintergartens. Wo nicht genügend Sonne ist, können all diese Dinge nur eingeschränkt gelingen. Dagegen gibt es von Gehölzen und Stauden eine große Auswahl von Arten und Sorten, die auch im total verschatteten Garten gedeihen können.
So fand ich nach längerem Beobachten über mehrere Wochen einen Platz für das Gewächshaus im hinteren Drittel, nahe der nördlichen Gartengrenze zum Nachbarn auf der rechten Seite. Dieser Platz ließ auch noch genügend Raum für die weitere Gestaltung des Gartens.

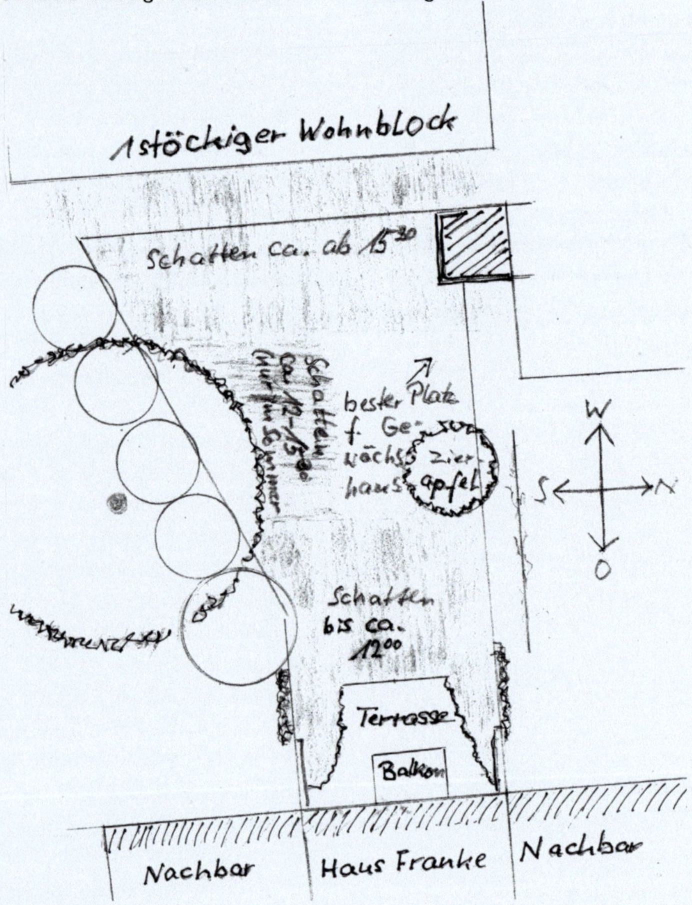


Mit diesem Abstand schuf ich mir auch einen kleinen Freiraum, um später einmal an der Nordwand eventuelle Ausbesserungsarbeiten vornehmen zu können. Nachdem das Gewächshaus fertig war, steckte ich dort Efeustecklinge in die Erde.

### Sonnenlicht und Wärme optimal nutzen

Es kommt auf den bestmöglichen Einfall der Sonnenstrahlen an. Um den zu erreichen, müssen die Sonnenstrahlen am kürzesten Tag des Jahres, dem 21. Dezember genau rechtwinklig auf die Glasscheiben treffen. So leuchten sie das Innere am besten aus. Dazu müssen die Fensterscheiben in einem bestimmten Winkel geneigt sein. Um diesen Winkel zu ermitteln, sucht man auf dem Globus oder einer Weltkarte den nächst gelegenen nördlichen Breitengrad heraus und rechnet 20 dazu. Der meinem Wohnort am nächsten gelegene nördliche Breitengrad ist der 47ste. Plus 20 ergibt 67. Ich musste die Fenster in einem Neigungswinkel von 67 ° aufstellen, damit die Sonnenstrahlen am kürzesten Tag des Jahres, dem 21. Dezember, genau im rechten Winkel auf die Scheiben treffen. Dann wäre das Innere des Gewächshauses auch an diesem Tag voll von der Sonne ausgeleuchtet, was natürlich auch eine bestmögliche Erwärmung bedeutet.

### Planung mit und um das Gewächshaus

Auch wenn ich das Gewächshaus geografisch so weit wie möglich an den Rand geplant hatte, hing von ihm auch die weitere Planung und alle damit verbundenen Arbeiten

von seinem Bau ab. Allein schon wegen der großen Erdmengen, die beim Aushub anfielen. Wohin damit? Sie aus dem Garten zu schaffen, widerstrebte mir. Die Mutterbodenschicht war etwa 25 Zentimeter dick. Immerhin besteht sie aus guter, humusreicher Erde voller Mikroorganismen. Die wollte ich auf jeden Fall erhalten. Den lehmigen Unterboden und schließlich den Kies aus der unteren Lage – Vaterstetten liegt auf der Münchner Schotterebene – hätte ich zwar bequem durch die Gartenpforte im hinteren Zaun hinauskarren können – doch wohin? Ich hätte mir einen Kleintransporter mieten müssen oder einen Fuhrunternehmer kommen lassen müssen, der diesen Schotterkies abfährt. Ich hätte dort auf dem Grundstück, das den Eigentümern der sechs Wohnungen gehört, den Verkehr behindert und vorübergehend einigen Dreck hinterlassen. Ich hätte mir eine Menge Ärger eingehandelt.
Den Mutterboden allein hätte ich vielleicht noch einigermaßen leicht auf die anderen Beete verteilen können. Doch die beiden anderen Schichten machten ja den größten Teil der Erdmengen aus. Doch sie waren mir nicht unwillkommen, denn der hintere Teil des Gartens sollte ja keine ebene Fläche bleiben. Ich wollte ihn mit unterschiedlich hohen Staudenbeeten gestalten, mit ihnen Gartenräume auf kleinem Raum schaffen.
Bei meinem Grundsatz, den Mutterboden auf jeden Fall zu schützen aber auch die Erde aus den unteren Schichten getrennt zu lagern, bedeutete das ein umfangreiches Hin- und Herschaufeln des Mutterbo-

*Die Baugrube für das Erdgewächshaus. Die ausgehobenen Bodenschichten sind voneinander getrennt gelagert, vorn: Oberboden, dahinter Unterboden (gelb), hinten rechts: Kiesschotter. Links: der Regenwurmwanderkasten im Bau.*

dens aus anderen Gartenbereichen, aus den Staudenbeeten, aus den Wabenbeeten und aus der noch vorhandenen Rasenfläche. Diesen Mutterboden wollte ich auf keinen Fall mit dem Aushub des Erdgewächshauses überlagern.
Ich plante an der Rückseite ein Staudenhochbeet ein. Das größte Staudenbeet zeichnete ich von der Gartengrenze zum Nachbarn links entlang des Teichs bis zum Steg und dann ungefähr rechtwinklig in Richtung Westen ein, wo es gegenüber einer Ecke des geplanten Gewächshauses enden sollte. Zwischen diesem etwa 50 Zentimeter hohen und dem hinteren, 70 Zentimeter hohen Staudenbeet plante ich einen runden Platz ein, der auf der rechten Seite durch das Gewächshaus und auf der linken von einem ebenfalls 50 Zentimeter hohen Staudenbeet begrenzt sein sollte, in das ich einen „Regenwurmwanderkasten“ nach Heinz Erven einbettete.
Ganz hinten in der spitz zulaufenden Südwestecke wünschte sich Gisela eine Schattenlaube. Denn auf der Terrasse wird es, trotz der teilweise Schatten spendenden Weinrebe im Sommer oft unerträglich heiß. Da bot sich diese Ecke für ein lauschig schattiges Refugium an.
Nachdem ich diese Elemente festgelegt und den Garten planerisch eingeteilt hatte, konnte ich mit den Erdarbeiten beginnen.

## Erdaushub

Als ich mit den Arbeiten im Herbst 1998 begann, war ich 49 Jahre alt. Ich nahm mir vor, bis zu meinem 50. Geburtstag im darauf folgenden April mit der gesamten Gestaltung des Gartens fertig zu sein. Also fing ich an: Zunächst grub ich alle Stauden der kleinen Rabatte an der hinteren und der westlichen

*Der Autor mit Sohn Martin.*

Gartengrenze aus und schlug sie im vorderen Gartenteil ein. Von den Gehölzen konnte ich die drei Apfelbäume in diesem Garten nicht gebrauchen. Sie waren noch klein genug, um sie gut verpflanzen zu können. In dem kleinen Garten wären sie mit ihren großen Kronen zu groß geworden. Ich grub sie zusammen mit dem Haselstrauch, einem Feldahorn, und einem Pfaffenhütchen aus und bat meinen Bauern Schorsch, auf dessen Hof ich ja nun schon seit vier Jahren meinen Kreativgarten bewirtschaftete, diese Gehölze abzuholen und zum Kreativgarten zu bringen. Er kam mit seinem Traktor und Anhänger auf den Wendeplatz nahe unserer Gartenpforte, durch die wir diese Gehölze hinaus karrten und auf seinen Anhänger luden. Ich fuhr mit dem Fahrrad hinterher, um sie vor dem Kreativgarten wieder abzuladen, Gisela beseitigte alle heruntergefallene Erde, spritzte die Pflastersteine sogar mit dem Schlauch sauber, um ja keinen Ärger mit den Nachbarn an der Rückseite unseres Gartens zu bekommen.

Mit der Grabegabel lockerte ich die Mutterbodenschicht und schaufelte sie zu einem Haufen auf. Dann lockerte ich die Unterbodenschicht für die Grube des Gewächshauses. Die lagerte ich auf einer anderen, zuvor freigeräumten Fläche.

Bald stieß ich auf die Unterbodenschicht, die ich mit der Kreuzhacke lösen und anschließend heraus schaufeln musste, was mit zunehmender Tiefe immer schwieriger wurde. Außerhalb der Grube wurde es eng mit den Lagerflächen für die verschiedenen Erdmaterialien. Schließlich hatte ich es am zweiten Tag geschafft, die Grube fürs Gewächshaus einen Meter tief auszuheben. Der Garten sah nun aus wie eine Mondlandschaft.

## Die Suche nach den richtigen Bausteinen

Alte Ziegelsteine, Vollziegel, sind ein wunderbares Baumaterial. Zum einen lassen sie sich leicht aufschichten, zum anderen haben sie einen besonderen altertümlichen Charme, ganz gleich, ob sie sauber verfugt gemauert oder ohne Bindemittel als Trockenmauer aufgeschichtet werden. Ich hatte mir das so schön vorgestellt: Auf die Bauschuttdeponie fahren und mir all die Steine, die ich fürs Gewächshaus und anschließend für die Trockenmauern brauche, heraus zu suchen und damit zu gestalten. Ich mietete einen Kleintransporter und fuhr auf eine nahe gelegene Bauschuttdeponie. Zunächst ließ man mich ungehindert suchen. Ich fand einen riesigen Haufen Ziegelsteine! – Doch jeder Stein war ein anderer. Da lagen Vollziegel, Hohlziegel, Gitterziegel und andere Kunststeine in einem unüberschaubaren Sammelsurium neben und übereinander. Ich klaubte einige Vollziegel heraus. Doch die hatten entweder unterschiedliche Maße oder an ihnen haftete noch der Mörtel mit dem sie einst vermauert waren. Dabei lernte ich, dass zu unterschiedlichen Zeiten verschiedene Mischungen von Mörtel verwendet wurden. In ganz alten Zeiten, die ich nicht mit Jahreszahlen beziffern, sondern nur vermuten kann, schien der Mörtel einen hohen Sandanteil zu haben. Ich konnte ihn leicht mit einem Hammerschlag entfernen. Bei neueren Steinen haftete der Mörtel sehr fest. Er ließ sich weder allein mit einem Hammer noch mit Hammer und Meißel lösen. Nachdem ich ein paar Steine auf diese Weise entzwei geschlagen hatte, gab ich es auf. Die wenigen, vom Mörtel befreiten Steine nahm ich mit. Auch ein paar Gitterziegel. Ich konnte sie für den Regenwurmwanderkasten verwenden, darin fielen die unterschiedlichen und zum Teil beschädigten Steine nicht auf.

Zu Hause suchte ich in den Gelben Seiten im Telefonbuch nach Ziegelsteinen und fand einen kleinen Betrieb in der Nähe. Da ich noch den Kleintransporter gemietet hatte, fuhr ich hin. Es gab dort nur Gitterziegel. Ich musste zwei Mal fahren, um die nötige Menge für mein Gewächshaus zusammen zu bekommen. Außerdem holte ich Sand aus einer Kiesgrube, den ich zum Transport in verschiedene Kübel, Wannen und Eimer füllte, sowie Zement aus dem Baustoffhandel. Dann fing ich an zu mauern.

## Das Fundament und die Rückwände

Zum Mauern konnte ich von der Ziegelei einen Restposten von Gitterziegeln mit den Maßen 11,5 x 11,5 x 24 cm bekommen. Sowie eine Palette mit großen Hohlblocksteinen. Die verwendete ich zum Mauern des Fundaments. In der Baugrube hob ich am Rand eine 30 cm breite Rille von etwa 20 cm Tiefe aus.

### Stein auf Stein

Ich mischte 1 Teil Zement mit 3 Teilen Sand und etwas Wasser im Mörteltrog und füllte mit dieser Mischung einen kleinen, 10 cm tiefen und 36 cm breiten Graben auf der Sohle der Baugrube. Mit dieser Mischung mauerte ich die gesamten Wände des Gewächshauses auf. Die rückwärtigen Mauern errichtete ich in 36 cm Breite mit 24er und 12er Gitterziegeln. An der Westseite ließ ich eine 96 cm breite Türöffnung frei. Das Fundament für die Fensterrahmen mauerte ich in 24 cm Breite, außerdem errichtete ich als Abgrenzung des Hochbeets zum Gang im Gewächshaus eine 12 cm breite Mauer, bei der ich die Ziegel so anordnete, dass die Hohlräume waagerecht liegen. Darin wollte ich Farne ansiedeln. Die Oberkanten der Mauern an der Nord- und Westseite schrägte ich ab, und glich deren Oberfläche mit Mörtel aus. Den unteren, später von der Erde bedeckten Teil errichtete ich mit den großen Hohlblocksteinen bis zur Oberfläche des umgebenden Erdreichs.

Danach mauerte ich die Wände mit den kleineren Steinen weiter. Die Oberkanten stufte ich gemäß dem Dachgefälle nach hinten ab. Auch in die Vorderkanten baute ich die Stufen gemäß dem Neigungswinkel der später eingebauten Fenster ein, die ich später mit halbierten Biberschwanzziegeln abdeckte. Auf dieser so entstandenen Etagere stellte Gisela später Topfpflanzen und mit Dachwurzen bepflanzte Schalen ab.

*Die Fensterrahmen von Ost nach Süd.*

*Befestigung der Rahmen unter der Dachschalung.*

*Rahmen am Fundament. Rechts: Sohn Derk.*

## Die Dachkonstruktion

Planerisch war es mir nicht gelungen eine Lösung für die Dachkonstruktion zu finden. Vor Ort am Rohbau mit zwei fertig gemauerten Wänden gewann ich allmählich eine Vorstellung von der Anordnung der Unterzüge und Streben. Die Schwierigkeit bestand auch darin, dass ich mich nach der Größe der bereits vorhandenen Scheiben richten musste. Für die fertigte ich Rahmen an, die ich wiederum mit einer Neigung von 67 ° aufstellen musste. Danach hatte ich mich mit der Höhe der Mauer an der Vorderseite gerichtet, die ich mit Hilfe einer Zeichnung ermitteln konnte. Eine knifflige Aufgabe bestand darin, die beiden mittleren der vier Fenster sowohl um 67 ° zu neigen als auch ein wenig zu drehen, so dass sie einen Viertelkreis bilden.
Die beiden Fenster an den Enden baute ich als erste rechtwinklig zu den Wänden ein. Dann errichtete ich in der Mitte des Gewächshauses einen senkrechten Pfosten 6 x 6 cm, den ich mit einem Metallschuh im Boden verankerte.
In Höhe der Oberkante der Sockelmauer schraubte ich zwei Bretter zu beiden Seiten des Pfostens. Anschließend setzte ich an der Vorderkante dieser Bretter ebenfalls einen 6 x 6 Zentimeter dicken Balken ein, zunächst beweglich, so dass ich auch diesen Balken um 67 ° neigen konnte. Den fixierte ich zunächst provisorisch in dieser Stellung und schraubte wiederum zwei Bretter als Doppelpfette an die Balken, so dass sie die vordere Strebe über den Balken in der Mitte mit der nordwestlichen Ecke, wo die beiden Mauern zusammenstoßen, verbindet. An dieser Ecke befestigte ich senkrecht ein ebenfalls 6 x 6 Zentimeter dickes, kurzes Kantholzstück mit Dübeln im Mauerkopf und schraubte die beiden Bretter der Doppelpfette dort an. Als Stütze dieser Doppelpfette betonierte ich einen Metallschuh mit U-Profil in den Gewächshausboden, auf dem ich senkrecht ein Vierkantholz (6 x 6 cm) befestigte.
Aus dieser Konstruktion ergab sich auch das Dach. Ich befestigte an den Oberkanten der Mauern zwei 1 cm dicke Bretter mit Dübeln und Schrauben, schlug ein paar herausragende Ecken der Ziegelsteine ab und füllte den Raum zwischen den Brettern mit Mörtel. Anschließend verband ich die Außenkanten mit der Doppelpfette in der Mitte mit 1 cm dicken Brettern. Die Schwierigkeit dabei: Ich musste jedes Brett einzeln auf den schrägen Verlauf der Mittelpfette zuschneiden. Am Rand des Daches ließ ich diese Bretterschalung um 15 cm über die Mauern hinausragen. Meine Vorstellung war ein Gewächshaus, das die Morgensonne von Osten und die Mittagssonne von Süden einfängt aber zur größtenteils beschatteten Westseite wärmegedämmt ist. Deshalb verzichtete ich auf ein verglastes Dach, das bei dieser ungewöhnlichen Konstruktion und mit meinen ohnehin bescheidenen Möglichkeiten und handwerklichen Fähigkeiten schwer zu bewerkstelligen war. Zumal ich noch immer nicht genau wusste, wie dieses Dach denn nun genau aussehen sollte. Ich wusste nur, dass ich dort zwei alte Fenster als Lüftungsklappen einbauen wollte.
Schließlich sah diese Dachform aus wie die aufgefalteten Flügel eines Schmetterlings. Durch diese Konstruktion ist in der Mitte des Dachs eine Rinne entstanden, in der das Regenwasser gesammelt und einer Zisterne am Ende des Daches zugeführt wird. Die zwei Öffnungen für die Lüftungsfenster sparte ich aus, versah sie mit einem Rahmen und montierte dann alte Wohnungsfenster mit Scharnieren daran.

## Lüftung des Gewächshauses

Eine gute Luftführung ist das A und O für ein gutes Klima im Gewächshaus. Die im Sommer schnell entstehende Hitze darf sich nicht im Gewächshaus stauen, sie muss abgeleitet werden. Wichtig ist dabei eine gleichzeitige, gut geregelte Frischluftzufuhr. Andernfalls breiten sich leicht Pilzkrankheiten auf den Pflanzen aus. Deshalb sind Lüftungklappen im Dach unerlässlich. Idealerweise sollte es solche Klappen auch in den seitlichen Stehwänden geben. Auf die habe ich verzichtet, weil ich sonst die bereits vorhandenen Scheiben hätte zerschneiden und noch zusätzliche Klappen hätte konstruieren müssen. Stattdessen konnte ich die Gewächshaustür öffnen, durch die Frischluft von ganz unten ins Gewächshaus strömt.
Als Lüftungsklappen baute ich zwei alte Fenster ein: Einen länglichen

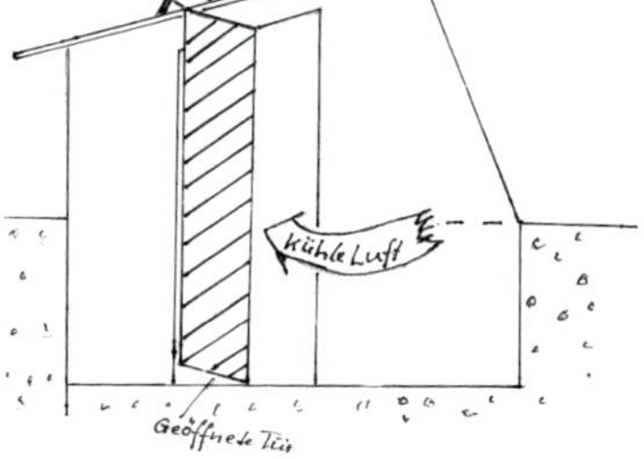

und einen quadratischen Fensterflügel, für die ich eine passende Öffnung in der Bretterschalung aussparte, mit einer Rahmung verstärkte, woran ich die Fenster mit einfachen Scharnieren befestigte. Das Bild zeigt die neuen Lüftungsklappen nach der Sanierung.

## Fensterrahmen selbst gefertigt

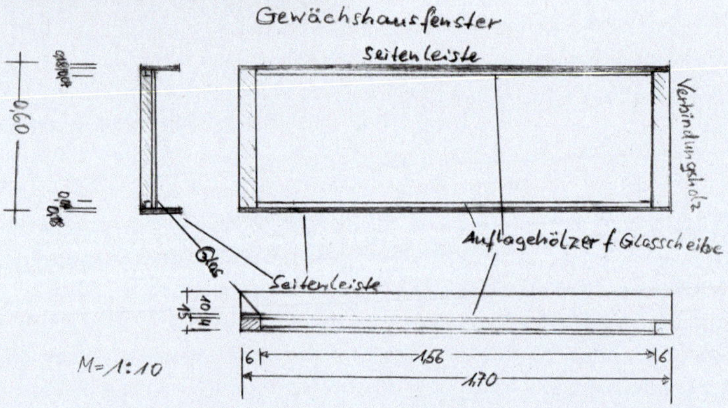


Da ich weder über Werkzeuge noch Maschinen verfüge, um Hölzer mit Profilen zu versehen, fertigte ich zunächst profillose Rahmen an, indem ich parallel zueinander je zwei Bretter mit zwei Kanthölzern zu Rechtecken verband. Die Kanthölzer oben und unten ließ ich vorerst beweglich, damit ich sie waagerecht passend verankern konnte. An die Innenseiten der langen Bretter schraubte ich nun dünne Leisten mit quadratischem Querschnitt von 1x1 cm und erhielt auf diese Weise meine gewünschten Profile für die Scheiben. Bevor ich aber die Scheiben einsetzte, musste ich noch die Rahmen oben und unten befestigen. Auf dem Fundament befestigte ich sie mit langen Dübeln und Schrauben. Unter der Dachschalung musste ich noch einmal extra keilförmige Hölzer einbauen, um daran die Rahmen befestigen zu können. Außerdem entstanden durch die Neigung von 67° und Drehung jedes einzelnen Fensters zwischen den Rahmen spitz zulaufende Flächen, die ebenfalls verglast werden mussten. Von diesen spitzen Zwischenflächen fertigte ich Pappschablonen an und ließ diese alten Glasscheiben nach den Schablonen von einem Glaser zurechtschneiden. Die Scheiben setzte ich mit Fensterkitt ein und verblendete die Rahmen mit schmalen Brettern.

### Selbstgebauter Fensterrahmen

**Materialliste**

2 Seitenleisten: 170 x 15 x 1,8 cm
2 Verbindungshölzer 56,4 x 6 x 4 cm
2 Auflagehölzer 156 x 0,04 x 0,04 cm
1 Auflageholz 56,32 x 0.04 cm
+ diverse Schrauben

*Ein Blick durch die Gartenpforte auf das Gewächshaus.*

## Buntes Dach

Auf die Bretterschalung nagelte ich zunächst Dachpappe und legte ein Vlies zum Schutz der anschließend darauf ausgebreiteten PVC-Folie darüber. Ein weiteres Vlies deckte ich über die Folie. Ein paar quer über das Dach gelegte Rundhölzer dienten als Schubschwellen und Halt für die Erde auf dem Dach. Ein Dachsubstrat mischte ich aus dem gesiebten Aushub aus tieferen Erdschichten und Sand. Diese Mischung trug ich auf der Bretterschalung 7 cm, dort wo sie durch die Mauern gestützt war bis zu 10 cm dick auf. Von einer Staudengärtnerei bezog ich einige speziell für die Dachbegrünung herangezogene Donnerwurzen *(Sempervivum tectorum)* und Wirbel-Steinwurzen *(Jovibarba sobolifera)* sowie Kümmelthymian *(Thymus herbaborona)* und Zwergiris *(Iris barbata nana)*. Ansonsten pflanzte ich Schnittlauch *(Allium schoenoprasum)* aufs Dach, streute selbst geerntete Sedumsprossen *(Sedum album, Sedum acre)* und säte eine Dachgärtnermischung aus, die ich bei einer Saatgutfirma bestellt hatte. Die Erde mit den ausgestreuten Sedumsprossen und der ausgesäten Samenmischung drückte ich mit der Mauerkelle an.

## Grün für ein kleines Dach

Begrünte Dächer weisen mehrere Vorteile auf:

1. Sie schützen die Dachhaut vor Extremen der Witterung, indem sie die Erhitzung der Dachhaut im Sommer sowie den Einfluss von starkem Frost im Winter verringern. So verlängert sich die Lebensdauer der Dachhaut.
2. Sie verdunsten Wasser und reichern so die Luft mit Feuchtigkeit an und verbessern das Klima.
3. Der Bewuchs bindet Staub und trägt zur Reinheit der Luft bei. Die Pflanzen auf dem Dach dämmen Straßenlärm.
4. Die Flora auf dem Dach bietet allemal einen schöneren Anblick als Dachpappe oder Kies und ernährt zudem Bienen und andere Insekten.

*Mitte: Schutzvlies auf der Dachschalung.*
*Unten: Das selbst gemischte, frisch aufgetragene Substrat.*

Eine wesentliche Voraussetzung für die Möglichkeit einer Dachbegrünung ist die Tragfähigkeit des Dachs. Von ihr hängt es ab, wie dick das Substrat aufgetragen werden kann. Und davon wiederum die Art und Vielfalt des Bewuchses. Auch von der Art und dem Gewicht des Substrats fürs grüne Dach hängt es ab, wie dick diese Schicht sein darf. Spezielle Dachbegrünungssubstrate enthalten einen hohen Anteil Blähton, der deren Gewicht erheblich verringert.
An Stellen, an denen das Dach durch Mauern, Wände, Unterzüge oder Pfosten gestützt wird, darf das Substrat dicker als auf dem übrigen Dach aufgetragen werden. So können dort auch Pflanzen mit einem höheren Nährstoffbedarf angesiedelt werden.
Mutterboden oder Kompost sind auf Dächern tabu. Sie werden vom Regen leicht ausgewaschen und sind in ihrer Struktur nicht stabil genug. Außerdem enthalten sie zu viele Nährstoffe. So entwickeln die Pflanzen keinen flächigen Wurzelfilz, wie man ihn von einer Begrünung, die das Substrat befestigen soll, erwartet. Wer sein eigenes Substrat mischen will, kann lehmige Erde aus dem Unterboden verwenden und den mit feinem Splitt etwa 1:1 vermischen, was allerdings kein leichtes Substrat ergibt und somit nur dünn aufs Dach aufgetragen werden kann.
Manche auf die Dachbegrünung spezialisierte Firmen ziehen Mauerpfeffer (*Sedum acre, S. album* u. a.) sowie Dachwurzen *(Sempervivum)* und andere Kleinstauden mit kegelförmigen oder besonders flachen Wurzelballen in magerem Substrat heran, sodass sie auch im nährstoffarmen Milieu des Dachsubstrats gut gedeihen.
Hier habe ich eine Extensivbegrünung beschrieben. Dem gegenüber steht das Grasdach, das allerdings nur auf Substratdicken von mehr als 12–15 cm gelingt. Nach meinen Beobachtungen entwickelt sich das Grasdach eher in norddeutschen Gegenden, in Küstennähe mit höherer Luftfeuchtigkeit. In anderen Landstrichen mit wärmerem und trockenerem Klima kümmern Grasdächer meist vor sich hin.

## Tür mit zwei Flügeln

Die Tür baute ich aus Platzgründen zweiteilig. Einteilig hätte ich sie entweder schmaler anfertigen oder den Treppenabgang noch breiter anlegen müssen. Ins Gewächshaus gelange ich durch einen geöffneten Flügel. Beide Flügel öffne ich nur zum Einstellen unserer großen Kübelpflanzen.
Diese beiden Türflügel sind an ihrer Oberkante der Dachschräge angepasst. Ich nagelte die Tür zunächst als einen Teil, indem ich Bretter mit Querstreben miteinander verband und diese Tür oben gemäß der Dachneigung abschrägte. Dann markierte ich die Mitte mit einem Strich und schnitt die Tür mit der Stichsäge in der Mitte durch. Diese beiden Flügel verband ich wiederum mit Scharnieren, versah die eine Hälfte mit Türangeln und dübelte die dazu gehörenden Haken in die Gewächshauswand ein. Nun brauchte ich die fertige Tür nur noch einzuhängen. Der rechte Flügel erhielt noch einen Haken, mit dem ich die Tür verriegeln kann.

## Das Beet

Eine zwölf Zentimeter breite und einen Meter hohe Mauer aus Gitterziegeln trennt das Hochbeet von der begehbaren Fläche des Gewächshauses ab. Die Oberfläche des Beets liegt genau in Höhe des Bodenniveaus außerhalb des Gewächshauses. Mit einer Breite von 90 Zentimeter lässt es sich noch gut bearbeiten. Das Beet ist mit Mutterboden und reichlich Kom-

posterde gefüllt. Die Wände und die Decke des Gewächshauses habe ich mit Löschkalk geweißelt, sie reflektieren das Sonnenlicht. Ein Hängebord aus hochkant befestigten Vierkanthölzern mit rechteckigem Querschnitt verläuft von einer Wand über zwei Mittelstreben. Sie bietet Standflächen für Saatkisten und Anzuchttöpfe. Auf einem Regal an der nördlichen Wand liegen Pikierkisten, Töpfe und Saatschalen sowie Kleinwerkzeuge bereit.
Als Belüftung dienen zwei Lüftungsfenster im Dach. Durch unterschiedlich weites Öffnen der Tür wird der Luftstrom gesteuert.

# Inhalte und Arbeiten im Gewächshaus

## Winterquartier

Unser Erdgewächshaus wird nicht beheizt. Die Erde rund um die Fundamente hält die stärksten Fröste ab, so dass das Grundbeet meistens größtenteils frostfrei bleibt. Außerdem erwärmt die Wintersonne das Innere des Gewächshauses. Diese Wärme wird von der Erde und von den Wänden bis in die Nacht hinein gespeichert.
Ende Oktober, Anfang November räumen wir unsere Kübelpflanzen ein. Dazu gehören drei Lorbeerbäume, drei Töpfe Rosmarin und diverse kleine Töpfe mit eigentlich winterharten Pflanzen, die zum Teil in schönen Tongefäßen stehen und die wir vor Frost schützen und deshalb nicht draußen stehen lassen wollen. Die Lorbeerbäume könnten auch bei Temperaturen bis zu –7 °C im Freien bleiben. Doch die Kübel lassen sich leichter und angenehmer transportieren, wenn die Erde und Blätter abgetrocknet sind. Auch um alle Pflanzen im Gewächshaus gleichmäßig verteilen zu können, räumen wir alle auf einmal ein.
Im Vergleich von je einem an der Außenwand und im Inneren des Gewächshauses angebrachten Maxima-Minima-Thermometer zeigte sich, dass die Temperatur selbst bei außen –15°C innen selten unter –5°C sank. Anfangs deckte ich an Tagen mit extremer Kälte eine doppelte Lage Rohrmatten auf die Glasscheiben, was jedoch wenig Kälteschutz brachte, so dass ich mir diesen Aufwand künftig ersparte.. Außerdem packten wir die Pflanzen zum Schutz vor starken Frösten in eine doppelte Lage Vlies ein und zündeten über Nacht eine Petroleumlampe oder zwei Friedhofskerzen an.
Die Kübelpflanzen werden in der Regel ab Anfang April herausgeräumt, denn dann wird der Platz für die Anzuchten gebraucht.

## Gewächshaus rund ums Jahr

Während eines Jahres verläuft die Nutzung unseres Erdgewächshauses in drei Phasen, die sich teilweise überschneiden.

### 1. Phase: Jungpflanzen heranziehen:

Noch während im Gewächshaus die Kübelpflanzen stehen, beginne ich mit der Aussaat von Tomaten und Paprika. Die säe ich jedoch im Wohnhaus aus. Dazu verwende ich Anzuchtboxen mit durchsichtigen Kunststoffhauben. Als Substrat dient gut verrotteter und

*Die Aussaatboxen mit Abdeckhauben aus Plexiglas stehen auf einer Heizplatte an der Terrassentür.*

fein gesiebter Kompost mit Sand vermischt, das Verhältnis rein nach Gefühl, gerade so, dass dieses selbst gemischte Substrat beim Befeuchten nicht matschig, aber auch nicht zu durchlässig ist. Am Anfang hatte ich diese Mischung noch im Backofen eine Viertelstunde bei 120 °C sterilisiert. Doch das hat sich als überflüssig erwiesen. Pilzkrankheiten an meinen Sämlingen treten so gut wie nie auf, und ein gelegentlich aufgehendes Unkraut lässt sich leicht herausziehen. Da ich im Kreativgarten das Herbstlaub gesondert kompostiere, mische ich manchmal auch etwas Lauberde dazu. Die ist mindestens drei Jahre alt und nahezu schon zu Staub zerfallen. Früher habe ich als Torfersatz auch Kokosfaser hinzugemischt. Man bekommt diese Fasern in Form von Briketts oder eines größeren, gepressten Blocks aus dem Fachhandel. Man muss ihn oder das Brikett über Nacht in lauwarmem Wasser einweichen, damit er sich auflöst. Diese aufgelöste Kokosfasermasse hat das drei bis fünffache Volumen des Blocks oder Briketts. Die Struktur dieser Faser fühlt sich ähnlich an wie Torf, sie hat jedoch bei weitem nicht dessen Fähigkeit, Wasser zu speichern. Auch die Kokosfaser hat sich für meinen Gebrauch als überflüssig erwiesen. Kompost und Sand mische ich in einem großen Bottich mit einer Pflanzschaufel zunächst trocken und feuchte diese Mischung beim weiteren Durchmischen mehrmals an, bis das Substrat „erdfeucht" ist. Ich fülle es dann in die Boxen. Wichtig: An den Rändern muss die Aussaaterde ein bis zwei Mal festgedrückt werden, denn dort sackt sie am schnellsten nach und trocknet aus, was auch zur Folge haben kann, dass die Keimwurzeln der Sämlinge vertrocknen. Die Oberfläche streiche ich glatt. Sie liegt 1/2 cm unter dem Rand der Box. Da ich von jeder Art oder Sorte des Gemüses für meinen Kreativgarten jeweils nur wenige Exemplare benötige, säe ich mehrere Sorten in jeweils einer Box aus. Zur Trennung und Unterscheidung der verschiedenen Sorten ziehe ich mit dem Pikierstab in Querrichtung kleine Saatrillen im Abstand von jeweils 2 cm. So kann ich fünf verschiedene Arten oder Sorten in einer Box aussäen. Jede von ihnen beschrifte ich mit einem Stecketikett. Die Boxen stelle ich in eine für sie vorgesehene Plastikschale, in die ich vorher eine spezielle Heizmatte gelegt habe, die die Boxen von unten erwärmt. Die Schale stelle ich etwas erhöht an den linken Flügel unserer Terrassentür, der immer geschlossen bleibt.

## 2. Phase: Pikieren

Die Töpfe fülle ich etwas über den Rand hinaus mit der gemischten Erde. Zu lange Wurzeln kürze ich mit den Fingernägeln von Daumen und Zeigefinger auf die Hälfte ein. Die Löcher stanze ich groß genug mit dem dicken Ende des Pikierstabs, so dass die Wurzeln der Sämlinge nicht nach oben gebogen werden. Anschließend gut andrücken! Tomaten lassen sich leicht bis zum Blattansatz in die Erde setzen, sie bilden auch am Stängel neue Wurzeln. Anschließend

Pikierkisten und Container mit Kohlrabisämlingen auf dem Hängebord des Gewächshauses.

gieße ich die pikierten Sämlinge in den Töpfen vorsichtig aber gründlich mit einer kleinen Gießkanne an. Zunächst trage ich die Töpfe hinauf ins Dachgeschoss unter die großen Panoramafenster, wo es nicht so warm wie im Wohnzimmer, jedoch sehr hell ist. Wenn die Temperaturen im Erdgewächshaus etwa 12–15 °C erreichen, kommen die Töpfe in Kisten auf die Hängeborde dicht unter die Glasscheiben des Daches. Dort herrscht eine „gespannte“ Luft. In der gedeihen die Jungpflanzen am besten. Sie wachsen dann im Lauf der nächsten Wochen sehr zügig heran und bilden kräftig durchwurzelte Ballen aus. Früher habe ich sie dann noch einmal in größere Töpfe gepflanzt, doch auch das hat sich als unnötige Mehrarbeit erwiesen, denn bis zum Auspflanzen ins Freie, gegen Ende Mai, hat sich ihr Wurzelwerk nicht wesentlich vergrößert.

### 3. Phase: Gurken

Meine bevorzugte Sorte heißt 'Tanja'. Nachdem wir die Kübelpflanzen ins Freie gebracht haben, leere ich immer auch eine Kammer des Regenwurm-Wanderkastens. Einen Teil des gesiebten Komposts bringe ich auf das Beet im Gewächshaus. Manchmal hole ich auch vom Bauernhof etwas Pferdemist, den ich dann an den vier Saat- oder Pflanzstellen für die Gurken als Wärmepackung tief in die Erde eingrabe. Den Mist stampfe ich fest, wie man es in einem Frühbeetkasten tut. So erwärmt er sich.
Ich bedecke ihn etwa 15 cm dick mit Erde, die mit Kompost vermischt ist. An diesen Stellen lege ich je zwei vorgekeimte Gurkensamen in die Erde, gieße sie mit der Brause an und decke über jede Saatstelle ein Weckglas als Minitreibhaus. Dieses Glas schützt außerdem vor Schnecken. Direkt neben den Gläsern senke ich jeweils einen 12-cm-Tontopf ein, zum wurzelschonenden Gießen mit Brennnesseljauche.
Die Gurkensamen gehen nach ein bis zwei Wochen auf. Dann muss ich bei sonnigem Wetter aufpassen, damit sie unter dem Weckglas nicht „verbrennen“. Ich nehme es an solchen Tagen herunter, decke es aber sofort wieder darüber, sobald die Sonne hinter dem Nachbarhaus verschwunden ist. Erst wenn die nächsten Blätter über den Keimblättern ausgebildet sind und die Pflanzen merklich wachsen, lasse ich die Weckgläser weg. Danach spanne ich Schnüre von Haken, die ich an den gemauerten Wänden sowie im Blechdach angebracht habe, und den Hängeborden zu Heringen, die in der Erde stecken. An diesen Schnüren leite ich später die Ranken der Gurken empor. Gurken sind Rankpflanzen. Allerdings ist ihre Fähigkeit zum selbständigen Klettern nicht

so stark ausgeprägt, dass sie es von selber tun. Doch wenn ich die Triebe an die Schnüre heranführe, dann wickeln sie ihre Rankfäden schnell um die Schnur herum und halten sich fest.
Die Lüftungsklappen öffne ich zunächst nur an sonnigen Tagen, wenn es im Gewächshaus wärmer als 25 °C wird. Später, im Hochsommer bleiben sie sowie auch die Tür Tag und Nacht geöffnet.
Das Wasser zapfen wir aus der Zisterne in Gießkannen. Damit kommen wir 2–3 Wochen aus. Manchmal müssen wir auf Leitungswasser aus dem Wasserhahn an der Hauswand zurückgreifen..
Durch die Lüftungklappen kommen zwar gelegentlich Bienen, Hummeln und andere Insekten herein, doch darauf allein möchte ich mich nicht verlassen. Ich habe dort einen Pinsel deponiert, mit dem ich „Biene spiele", indem ich ihn in jede geöffnete Blüte tupfe.

In den meisten Sommern haben wir von Ende Juli bis Ende September immer gute Gurkenernten erzielt. Bevor wir in den Urlaub fuhren, stellte ich mehrere mit Wasser gefüllte Bottiche auf die Beete, die ich vorher gründlich gewässert hatte. In die Bottiche legte ich ein mit Wasser getränktes Vlies, das dann über deren Rand auf das Beet herab fällt und so das Wasser, die ein Docht aus dem Bottich auf das Beet leitet und die Erde auf diese Weise feucht hält. Dennoch baten wir unsere Nachbarn gelegentlich nach dem Wasser zu schauen und die Bottiche wenn nötig aufzufüllen. Diese Methode hat bisher immer gut funktioniert. In manchen Jahren haben wir auch

gute Erfahrungen mit Paprika gemacht. Wir haben sie vor die Gurken nah an die Gewächshausscheiben gepflanzt. Der Ertrag war nicht überwältigend, aber dennoch befriedigend.

## 3. Phase: Überwinterung der Kübelpflanzen

Die letzten Gurken können wir noch im Oktober ernten. Doch dann wird es Zeit die Gurkenranken, die in der Zwischenzeit auch noch von Mehltau befallen wurden, von den Schnüren zu lösen, die Schnüre von den Haken und Heringen zu nehmen und zusammenzurollen. Das Beet wird gelockert für die Überwinterung der Kübelpflanzen.
Das sind im wesentlichen drei Lorbeerbäume und drei Rosmarine sowie ein paar Töpfe und Schalen mit Semperviven und ein paar anderen Pflanzen, die zwar winterhart sind, jedoch in schönen Gefäßen stehen, um die Gisela fürchtet, sie könnten durch Frost Schaden nehmen.
Die Kübelpflanzen senke ich mit den Töpfen bis zum Rand in die Erde ein. Der schwerste Brocken ist der Lorbeer aus meiner Zeit bei „mein schöner Garten" mit einem Tontopf von 40 cm Durchmesser. Dafür haben wir uns einen speziellen Tragegurt angeschafft, den wir um den Topf legen und damit zu zweit die fünf Stufen zum Gewächshaus hinab tragen. Oder wir legen ein Brett als „Rutsche" über die fünf Treppenstufen und ziehen ihn darauf vorsichtig hinauf und im Herbst wieder hinunter. Zu diesem Zweck öffne ich beide Flügel der Gewächshaustür. Der Topf mit dem Lorbeer ist so groß, dass wir ihn auf dem Gewächshausboden in einer Ecke stehen lassen. Dort ist er geschützt und bekommt gerade soviel Licht, dass er überleben kann. Die beiden anderen Lorbeerbäume, die Gisela aus Stecklingen gezogen hat, sowie die Rosmarine senke ich auf dem Beet bis zum Topfrand ein, ebenso alle anderen Töpfe. Da wir mittlerweile 76 und 70 sind, fällt uns der Transport die Treppe hinab ins Gewächshaus und im Frühjahr wieder hinauf ins Freie zunehmend schwerer. Deshalb entschieden wir uns die Lorbeerbäume in doppelwandige Plastikkübel zu pflanzen, die wesentlich leichter sind als die Tontöpfe. Sie haben die gleiche hellbraune Farbe und sehen genauso aus wie Tonkübel.

## Erfahrungen

Die Dachbegrünung ist zwar üppig gewachsen, sie hat schön geblüht, jedoch als Kälteschutz nicht so viel gebracht, wie wir uns erhofft hatten. In Übergangszeiten und im Sommer schien sie eher noch kühlend zu wirken und unser Gewächshaus fast in einen kühlen Keller zu verwandeln, jedenfalls lag die Innentemperatur oft nicht höher als die Außentemperatur. Stattdessen hätten wir vom Dach her mehr Licht gebraucht, ein Aspekt, den ich bei meiner Planung aufgrund ungenauer Beobachtung vernachlässigt hatte. Vorteilhaft ist, dass wir auf eine Schattierung ganz verzichten können.

## Zwei schwerwiegende Baufehler

Bei der Dachbegrünung gelang es mir nicht, die Folie an den Dachfenstern genügend abzudichten. Zudem staute sich das Regenwasser an einer Stelle, wo der Fensterrahmen der Dachluke in der Nähe der Mittelrinne endete. So lief Wasser über diesen Rahmen und gelangte zwischen die Folie und die Holzschalung. Durch diese eindringende Nässe entstand im Lauf der Jahre Fäulnis an manchen Brettern der Holzschalung. Um den Fehler zu beheben, hätte ich die gesamte Dachbegrünung entfernen, die Fensterrahmen durch Kanthölzer erhöht anbringen und das Dach mit Folie, vor allem aber sorgfältiger Dichtung an den Dachfenstern, wieder neu abdichten müssen, dazu fehlten mir Zeit und Nerven. Der zweite Fehler: Ich hätte die von mir selbst aus Holz gefertigten Rahmen nicht in Erdniveau auf dem Fundament befestigen dürfen. Stattdessen hätte ich das Fundament etwas erhöhen und die Glasscheiben so anordnen müssen, dass das ablaufende Regenwasser über den Rahmen hinweg abtropft, ohne das Holz zu berühren. Durch diesen Fehler wurden im Lauf der Jahre auch einige der Rahmen an ihrem Fuß morsch.

## Sanierung mit Stahlblech

Dennoch hat diese Konstruktion mehr als zehn Jahre lang gehalten. Fäulnis zeigte sich nur an wenigen kritischen Stellen. Für einen neuen Dach- und Fensteraufbau ließ ich eine Metallbau-Schlosserei kommen. Der Chef nahm Maß an der Holzkonstruktion und machte Fotos. Nach diesen Vorlagen bauten seine Mitarbeiter die Dach- und Fensterkonstruktion aus Stahlblech nach.

Mit wenigen Abänderungen, doch einigen Verbesserungen entspricht die neue Konstruktion im Wesentlichen dem Holzaufbau. Die Scheiben sind aus Sicherheitsglas und jeweils zu drei Elementen mit je zwei Fenstern so zusammengefasst, dass zwei Fenster nach Osten, zwei nach Südosten und zwei nach Süden weisen. Das Dach enthält zwei Lüftungsfenster und darüber hinaus eine weitere Verglasung.

Der Dachüberstand ist vorn 60 cm breit, aber größtenteils verglast.

An den Wänden ergeben sich mit dem Überbau der 36er-Mauer und dem Dachüberstand auch wieder breite unverglaste Streifen. Die wollte ich ursprünglich abermals begrünen, doch dann sah ich das so neu und schön in dunkelgrüner Farbe lackierte Blech, dass ich vorerst darauf verzichtet habe. Die zusätzlichen Fenster in der neuen Dachkonstruktion haben wesentlich mehr Licht gebracht. Und die abendlichen Sonnenstrahlen, die von Nordwesten auf das Gewächshaus treffen, wenn die Sonne hinter dem benachbarten Wohnblock noch einmal kurz auftaucht, tragen doch wesentlich zur Erwärmung des Gewächshauses sowie zum besseren Gedeihen der Pflanzen

bei. Innerhalb von drei Jahren mit dem neuen Aufbau haben wir erfahren, dass es die passive Sonnenenergie besser nutzt, als die alte Konstruktion.

Immerhin hatte dieser Aufbau mit den selbstgefertigten Fensterrahmen und dem begrünten Dach zehn Jahre lang gehalten.

## Trockenmauern

Noch bevor ich zehn Jahre zuvor die Scheiben einsetzte, füllte ich die Hochbeete des Gewächshauses: zunächst mit Schotterkies, dann mit einer 30 Zentimeter dicken Schicht Unterboden, den man in Bayern „Rotlage“ nennt, und schließlich mit Mutterboden. Auf diese Weise hatte ich wieder ein wenig Platz gewonnen. Nun kamen die Staudenbeete an die Reihe. Die wollte ich mit Trockenmauern einfassen und als Hochbeete gestalten. Doch womit einfassen? Eigentlich hätte ich gern Trockenmauern aus alten Ziegelsteinen gebaut. Doch diesen Wunsch hatte ich nach meiner Suche auf der Bauschuttdeponie aufgegeben. Möglich wäre das wohl nur gewesen, wenn ich Ziegel aus einem abgebrochenen, alten Gebäude bekommen hätte, die alle gleiche Maße haben und denen leicht abzuklopfender Mörtel anhaftete.

Also suchte ich nach anderen Steinen für eine Trockenmauer. Wenn schon kein Altmaterial, dann sollten es wenigstens Steine aus einer nicht allzu fernen Umgebung sein. Ein paar kleine Nagelfluhsteine, ein Restposten von einem Landschaftsgärtner, hatte ich schon am Rand der Terrasse verbaut. Ein natürlicher Stein, auch wenn die einzelnen Steine manchmal aussehen wie die Brocken eines gesprengten Betonbunkers. Ich machte ein Steinbruchunternehmen in Brannenburg, etwa 70 Kilometer entfernt im Voralpenland, aus. Dort rief ich an.

„Wofür wollen Sie denn die Steine haben?“ lautete die Frage.

„Für Trockenmauern“.

„Dann werden wir Ihnen Heber liefern“.

„Heber? – Was ist denn das?“

„Nun ja, Steine, die Sie noch heben können“.

„Gut dann liefern sie bitte Heber!“

Ich nannte Längen- und Höhenmaße der geplanten Trockenmauern, und der Mann am anderen Ende der Leitung rechnete aus, dass ich dafür 8,5 Tonnen brauchte. 8,5 Tonnen! Das war eine geradezu irrsinnige Menge. Doch ich dachte auch, es sei besser ein paar Steine zu viel zu haben, als knapsen zu müssen. Eventuell überzählige Steine könnte ich ja noch im Kreativgarten verwenden.

Die Steine kamen. Um keinen Ärger mit den Nachbarn an der Rückseite des Gartens zu bekommen, ließ ich sie in unserer Garageneinfahrt abkippen. Dort passten sie nicht alle hin. Nachdem der LKW wieder abgefahren war, stapelte ich einen großen Teil der Steine in der Garage. Unser Auto hatten wir ein paar Monate vorher gerade abgeschafft. So war genug Platz darin.

### Schwerer Transport

Nagelfluh ist ein irrsinnig hartes Gestein, und die einzelnen Brocken hatten schon ein gehöriges Gewicht. Ich musste nun die Steine mit der Schubkarre von der Garageneinfahrt, vorbei an der Garage eines Nachbarn, vorbei an drei Reihenhäusern, dem Garten des anderen Nachbarn, an dessen Gar-

## Trockenmauern bauen

Damit eine Trockenmauer nicht nur attraktiv aussieht, sondern auch stabil stehenbleibt, müssen zwei unverzichtbare Regeln beachtet werden, die aber nicht allzu schwer einzuhalten sind:

1. Die Trockenmauer muss schräg gegen den Hang aufgeschichtet werden. Nur so hält sie dem Druck der Erde Stand.
2. Jede senkrechte Fuge muss von einem darüber liegenden Stein bedeckt werden.

Bei der ersten Regel kommt es vor allem auf das Fundament und die erste Reihe Steine an. Das Fundament wird ebenfalls nicht gemauert. Man hebt dazu den Mutterboden in der Breite der geplanten Trockenmauer aus und gibt auf der Hangseite noch etwa 10–20 cm dazu. Dieser ausgehobene Graben wird mit Kies, Geröll oder Splitt gefüllt, die man sorgfältig feststampft.

Wenn möglich sollte bereits die Oberfläche dieses Unterbaus gegen den Hang abfallend modelliert werden.

Anschließend wird die erste Reihe Steine, ebenfalls zum Hang geneigt verlegt. Bei unterschiedlich dicken Steinen lässt sich das kaum mit einer Wasserwaage prüfen. Dann ist ein gutes Augenmaß gefragt.

Oder man fertigt eine Schablone an, mit deren Hilfe man die erforderliche Neigung überprüft.

Die Faustregel lautet: In 1 m Höhe sollte der Kopf der Trockenmauer um 10 cm zum Hang geneigt sein. Diese Neigung kann noch verstärkt werden, wenn man die jeweils oberen Reihen etwas versetzt zum Hang aufschichtet. Auf diese Weise wird später an der Trockenmauer herabfließendes Regenwasser aufgefangen und an die Wurzeln der Pflanzen geleitet.

Die zweite Regel erfordert gerade bei unregelmäßigen Steinen eine sorgfältige Auswahl. Denn schon von der zweiten Reihe an muss jeder Stein so gesetzt werden, dass er die Fuge der ersten Reihe voll und ganz überdeckt. Um die Trockenmauer mit Leben zu erfüllen, müssen wir darin Platz schaffen, für Pflanzen aber auch Unterschlupfmöglichkeiten für Eidechsen, Blindschleichen, Frösche, Kröten, Molche, Unken und vielleicht sogar für ein Mauswiesel. Dazu ließ ich beim Aufschichten an manchen Stellen etwas breitere senkrechte Fugen entstehen, die ich entweder mit Erde füllte und gleich bepflanzte oder offen ließ, damit Tiere darin Unterschlupf finden konnten.

tengrenze entlang, wiederum an drei Garagen garagen vorbei ungefähr 100 Meter weit karren, bevor ich in den Garten gelangte und die Nagelfluhbrocken abladen konnte. Trotz dieser Entfernung lud ich die Schubkarre so voll wie möglich. Manche dieser „Heber“ waren jedoch so groß und so schwer, dass ich sie nur einzeln mit einer Sackkarre von unserer Garage in den Garten schaffen konnte. Dort gab es ein logistisches Problem. Zum fachgerechten und stabilen Aufschichten dieser unregelmäßigen Steine zu einer Trockenmauer brauchte ich immer eine größere Auswahl dieser unterschiedlich großen und geformten Steine. Andererseits fehlte mir zwischen den Erdhaufen der Platz, eine größere Menge zu lagern. So versuchte ich, bereits in der Garageneinfahrt und der Garage eine Auswahl von größeren und kleineren Steinen zu treffen. Ich musste die Steine in der Größe und Form verwenden, wie sie waren. Sie mit Hammer und Meißel auf die gewünschte Form passend zu schlagen, ist bei Nagelfluh unmöglich. Die Werkzeuge prallten ab.

Ich musste jeden Stein drehen und wenden, bis er passte. Bei einer Trockenmauer müssen die Steine auch ohne Füllmaterialien in den Fugen stabil liegen. Sie dürfen nicht wackeln. Wenn ein Stein nicht absolut in der gewünschten Lage liegenblieb, musste ich einen anderen nehmen. Mit den allergrößten und schwersten Brocken legte ich die unterste Schicht. Die Steine der nächsten Lage mussten die Fugen der unteren Schicht überdecken, ein wenig zum Innern des Beetes gesetzt werden und durften dann nicht mehr wackeln. Das Aufschichten war eine schwere Arbeit und ein mühseliger Prozess. Oft passte keiner der Steine so recht, dann musste ich andere mit der Schubkarre nachholen.

## Treppenabgang

Nachdem ich die Trockenmauern, die die beiden Staudenbeete einfassen, fertig aufgeschichtet hatte, blieb noch der Treppenabgang. Der ist 95 Zentimeter tief. Auch dessen seitliche Erdwand stützte ich mit einer Trockenmauer ab. Um der Stabilität Willen, wählte ich die größten Steine aus, die ich dafür extra übrig gelassen hatte. Es war eine besondere Schinderei, sie zuerst nach unten zu transportieren und dann aufzuschichten. Diese „Heber“ ließen sich kaum heben. Ich schaffte es trotzdem.

Die Treppe enthält fünf Stufen. Ich legte sie nach der Stufenformel an. Die Vorderkanten bestehen aus gemauerten Gitterziegelsteinen, die leicht geneigten Auftrittflächen habe ich mit Kieselsteinen gepflastert. Die Fläche unten vor der Tür sowie die Bodenfläche des Gewächshauses pflasterte ich ebenfalls mit Gitterziegeln. Aus einem Rest Gitterziegeln und Kieselsteinen habe ich diese Treppe gebaut.

### Stufenformel

Der Schritt eines erwachsenen Menschen misst 63–65 cm. Bei einer Treppe gilt es, dieses Schrittmaß in begehbare Abschnitte einzuteilen. Dazu dient die Stufenformel: Sie lautet: 2 x Stufenhöhe + Auftritttiefe = 63–65 cm. Die vier Stufen meiner zum Gewächshaus herabführenden Treppe sind 21 cm hoch und 23 cm tief, also 2 x 21 = 42 + 23 = 65 cm, das Schrittmaß eines Menschen. Sie überbrücken einen Höhenunterschied von ca. 85 cm.

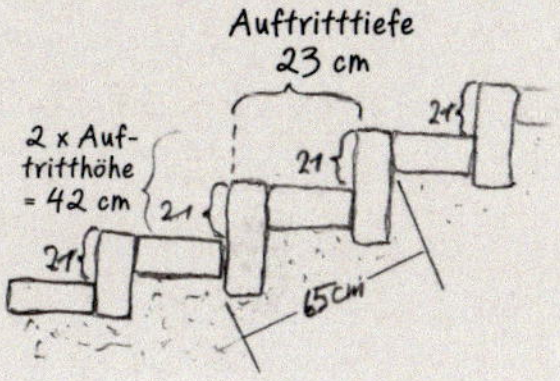

*Die Tonne als Zisterne: Während des Bauens noch mit einer Folie abgedeckt.*

## Zisterne

Für den Treppenabgang habe ich die Erde 1,50 m breit und in Länge der Gewächshauswand ausgeschachtet. An der Nordwestecke des Gewächshauses grub ich eine 300 Liter fassende Regenwassertonne als Zisterne ein. Diese Tonne hat einen leicht trichterförmig ausgebildeten Deckel mit einem Loch in der Mitte. Ich ordnete die Tonne so an, dass sie das Wasser aus der Mittelrinne des Dachs auffängt. Im unteren Bereich hat diese Tonne einen Schlauchanschluss mit einem nach oben geleiteten Überlaufschlauch. An diesen Schlauch schloss ich mit Hilfe von T-förmigen Zwischenstücken zwei Nebenschläuche mit je einem Wasserhahn an, den einen in Gießkannenhöhe, den anderen ganz unten, so dass ich die Tonne im Winter ganz entleeren kann. Diese Zisterne ließ ich hinter einer Trockenmauer aus Nagelfluhsteinen verschwinden, aus der nur die beiden

*Nur zwei Wasserhähne der Zisterne ragen aus der Trockenmauer hervor.*

Wasserhähne herausragen. Den Deckel der Tonne tarnte ich mit einer dünnen Lage Kieselsteinen. Hinter dem Gewächshaus verlegte ich ein Rohr, das im Teichbiotop mündet. Mit Hilfe eines gebogenen Rohrstücks am Anfang des Rohrs kann ich das Wasser vom Dach auffangen und in den Teich leiten, wenn die Zisterne voll ist, indem ich dieses Stück unter den Wasserablauf des Dachs drehe.

Diese Zisterne reicht zum Gießen der Pflanzen im Gewächshaus meistens aus. Nur während lange anhaltender regenloser Perioden müssen wir mit Wasser aus der Leitung überbrücken. Im Winter lassen wir die Tonne leer laufen und leiten das Regenwasser in unseren Teich.

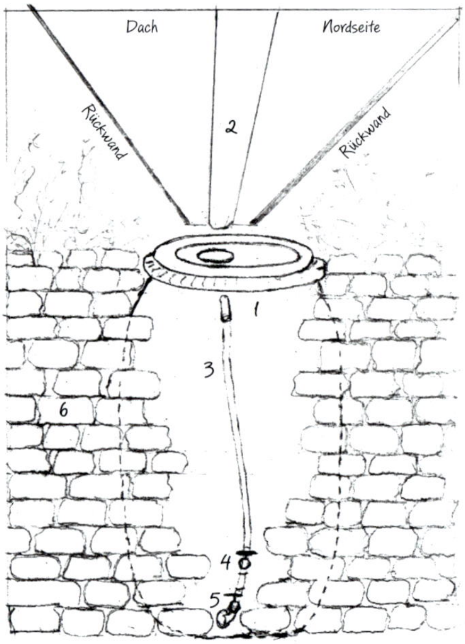


1 Regenwassertonne als Zisterne
2 Regenrinne in der Dachmitte
3 Überlaufschlauch
4 Wasserhahn für die Gießkanne
5 Wasserhahn für vollständige Entleerung
6 Trockenmauer

## Vorteile des Regenwassers

Wer die Möglichkeit hat, sollte auf jeden Fall Regenwasser sammeln. Das spart Geld und ist für die Pflanzen besser als hartes, kalkhaltiges Leitungswasser. Das hat in unserem Wohnort einen Härtegrad von 18 °dH und einen pH-Wert von 7,38, was für die Pflanzen bedeuten kann, dass manche Spurennährstoffe durch den hohen Kalkanteil blockiert sind und so von den Pflanzen gar nicht aufgenommen werden können. Was die Umweltbelastung angeht, ist Regenwasser besser als sein Ruf. Denn die Immissionen von Ruß, der sich auf den Dächern niederschlägt, haben dank verbesserter Heizungen und Filtertechniken abgenommen. Und der Eintrag von organischen Verunreinigungen in Form von Laub oder Nadeln lässt sich durch regelmäßige Reinigung der Dachrinne und Siebe verringern. Für die Umwelt und den Wasserhaushalt des Bodens ist es von Vorteil, kostbares Trinkwasser zu sparen und Regenwasser, das sonst durch die Kanalisation abgeführt würde, durch das Bewässern der Pflanzen wieder in den Wasserkreislauf einzuspeisen.

## Schonende Bodenbearbeitung

Gerade auf Baustellen wird mitunter schändlich mit dem Boden umgegangen. Er wird von Maschinen verdichtet, sein Gefüge zerstört, sodass es Jahre dauert, bis daraus wieder eine fruchtbare Erde entstanden ist. Dieses Missbrauchs des Bodens bewusst, wollte ich nicht die gleichen Fehler begehen wie ich ihn auf vielen Baustellen beobachtet habe. Der Mutterboden sollte auf jeden Fall geschont werden. Aus diesem Grund trug ich ihn zunächst von den Flächen, auf denen ich die von Trockenmauern eingefassten Beete errichten wollte, ab und lagerte ihn, zusammen mit dem Mutterboden, den ich von der Fläche des Erdgewächshauses abgetragen hatte, auf einem besonderen Haufen. Als nächstes kam es darauf an, den natürlichen Bodenaufbau auf die Staudenbeete zu übertragen.

*Die Bodenschichten der Münchner Schotterebene in unserem Garten, etwa in Augenhöhe fotografiert.*

## Erde einfüllen: Lage für Lage

Sobald ich eine Lage der Trockenmauer rund ums Beet aufgeschichtet hatte, füllte ich Erde ein, zunächst nur Schotterkies, dann, nachdem die Hälfte der Beethöhe erreicht war, Erde aus der Unterbodenschicht und schließlich Mutterboden, den ich etwas überhöht einfüllte und an der Oberfläche als kleine Wölbung modellierte. Erde hatte ich genug! Sie reichte zur Genüge, um die Beete zu füllen.

## Was ist Boden?

Der Boden besteht aus drei Schichten: dem Ausgangsgestein, dem Unterboden und dem Oberboden. Das Ausgangsgestein besteht in unserem Wohnort Vaterstetten aus Geröllkies. Deshalb nennt man unsere Umgebung auch die „Münchner Schotterebene".
Auf dem Schotter befindet sich eine Schicht lehmiger, bindiger Erde. Fachlich korrekt nennt man diese Lage Unterboden. In Bayern wird sie als „Rotlage" bezeichnet. Die oberste Schicht ist, korrekt benannt, der Oberboden, landläufig aber Mutterboden genannt. In Bayern spricht man oft von Humus, wenn man Oberboden meint. Doch das ist falsch, denn Humus ist eine ausschließlich organische Substanz, die aus abgestorbenen Pflanzenresten entsteht. Wenn wir einmal im Wald das Laub oder die Nadeln mit dem Schuh beiseite schieben, kommt darunter Humus zum Vorschein. Er ist aus verrotteten Nadeln oder Blättern entstanden.
Am wichtigsten für das Gedeihen unserer Pflanzen ist der Mutterboden. Er enthält sowohl mineralische Bestandteile aus dem Unterboden, also Ton oder Lehm als auch Humus. Ein reiches Bodenleben von Bakterien und Mikropilzen hat die Pflanzereste an der Oberfläche zu Humus verarbeitet und Regenwürmer haben diesen Humus zusammen mit mikroskopisch kleinen Lehm- oder Tonpartikeln aus dem Unterboden aufgenommen, in ihrem Darmtrakt miteinander verbunden und als Ton-Humus-Komplexe ausgeschieden. Mit diesem Regenwurmkot kleiden sie ihre Gänge aus, die sie im Boden graben. Diese Bodenkrümel sorgen für ein lockeres und dennoch stabiles Bodengefüge, sie sind nährstoffreich und in der Lage noch zusätzlich Nährstoffe zu speichern. Die Pflanzen können sich über ihre feinen Haarwurzeln von diesen Nährstoffvorräten ernähren.
Aus diesem Grund müssen wir mit dem Mutterboden besonders sorgfältig umgehen. Das heißt, wir müssen das Bodenleben ernähren, indem wir dem Boden immer wieder Humus in Form einer Mulchdecke, von Kompost oder organischem Dünger hinzufügen. Doch auch der natürliche Aufbau des Unterbodens ist wichtig. Auch von ihm hängt die Qualität des Mutterbodens ab. Mitunter wird unter Biogärtnern noch darüber gestritten, ob man den Boden umgraben soll oder darf oder nicht. Die Antwort: Es hängt vom Boden ab. Ein bindiger Boden, der auf der Baustelle von schweren Maschinen verdichtet wurde, lässt sich gar nicht anders als durch Umgraben lockern. Man kann die Struktur des Bodens aber durch wiederholte Kompostgaben, Mulch, Gründüngung und organischen Dünger so weit verbessern, dass Lockern

*Regenwurm-Wanderkasten: links frische Abfälle, rechts fast verrotteter Kompost.*

durch Umgraben nicht mehr nötig ist. In unserem Reihenhausgarten können wir aufs Umgraben ganz verzichten.

## Regenwurm-Kompost

Immer wieder höre ich Besitzer ähnlich kleiner Reihenhausgärten wie unserem sagen: „Für einen Komposthaufen haben wir keinen Platz!". Ich halte das für eine Schutzbehauptung. Denn so viele Materialien, dass man für einen Komposthaufen keinen Platz hat, fallen in einem Reihenhausgarten ja gar nicht an. Ich weiß, wovon ich rede, denn ich habe für unseren Reihenhausgarten schon zweimal eine Lösung gefunden:
Ganz am Anfang baute ich einen 90 x 90 x 120 Zentimeter großen Kasten mit einer Klappe oben zum Einfüllen der Abfälle und einer Klappe unten, um den fertigen Kompost zu entnehmen. Dieses System klappte zwar nicht ganz so gut wie ich dachte. Doch nach mehrmaligem Durchwühlen der Abfälle, manchmal auch nach Herausnehmen eines Teils und gründlicher Lockerung und Durchlüftung, gewannen wir doch recht brauchbaren Kompost. Doch nach acht Jahren hatte diese Kompostkiste ausgedient und fiel fast auseinander. Bei der Neugestaltung erinnerte ich mich an den „Regenwurm-Wanderkasten" des 1993 verstorbenen Biogarten-Pioniers Heinz Erven (siehe Seite 64). Diesen Komposter habe ich ins Staudenbeet an der Südseite des Gartens integriert. Zu seinem Bau konnte ich gut die verschiedenen großen, alten Ziegel verwenden, denn sie halten dank meiner guten Mörtelmischung gut zusammen, und dass dieser Kasten nicht so perfekt gemauert ist, kümmert uns nicht. Er erfüllt voll und ganz seinen Zweck. Wir füllen immer jeweils eine der beiden Kammern mit frischen Abfällen, streuen gelegentlich etwas Urgesteinsmehl mit hinein und wälzen das Ganze um. Der Kasten hat eine Abdeckung aus Blechplatten, die wir bei Regen öffnen, sollte der Kompost einmal zu trocken geworden sein. Den Rest übernehmen die Regenwürmer, genauer gesagt, die Kompostwürmer, die ich mir einmal von einer Regenwurmfarm schicken ließ. Sobald die erste Kammer mit Abfällen gefüllt ist, lassen wir sie ruhen und füllen nach und nach die zweite. Während dieser Zeit tun die Kompostwürmer in der ersten Kammer ihr gutes Werk und verwandeln die Garten- und Küchenabfälle in gute Regenwurmerde. Einmal im Jahr können wir den fertigen Kompost aus der Kammer entnehmen und verwenden: als Basis für selbst gemischte Erden zum Aussäen, Pikieren, Topfen sowie für unsere Kübelpflanzen, für das Beet im Gewächshaus oder wir verteilen sie dünn auf den Staudenbeeten im Garten. Danach füllen wir wieder die leer gewordene Kammer mit frischen Abfällen. Bei denen handelt es sich in der Regel um pflanzliche, nicht gekochte Küchenabfälle, Unkraut oder Schnittgut von den Stauden. Bei der Entnahme werfe ich den Kompost durch ein Sieb, dann lässt er sich besser verteilen, und die groben, herausgesiebten Bestandteile kommen wieder in die Kammer. Sie impfen mit den ihnen anhaftenden Bakterien die neuen Abfälle. Die Kompostwürmer wandern durch die Gitterziegelwand zu, sobald die frischen Abfälle etwas angerottet sind. Immerhin gewinnen wir aus einer Kammer jedes Jahr etwa vier Schubkarren voll Kompost. Einen Teil davon bewahren wir in zwei Mörtelkübeln in der Garage auf. Davon mische ich im Frühjahr Erden für die Aussaaten, Pikieren und Topfen.

## Kompost ausbringen

Wenn Kompost weitgehend verrottet, aber noch leicht faserig ist, enthält er die meisten Nährstoffe und Mikroorganismen. Dies ist bei einem günstigen Verlauf der Rotten bereits nach einem Jahr der Fall. In diesem Zustand kann man ihn auf den Beeten ausbringen. Faustregel: ca. 5 Liter pro Quadratmeter. Will man eigene Erden zum Aussäen, Pikieren, Topfen oder für Balkonkästen herstellen, muss die Verrottung abgeschlossen sein, was je nach Art und Entwicklung der Rotte erst nach zwei bis drei Jahren der Fall sein kann.

## Kompost

„Zeige mir Deinen Kompost und ich sage dir, wie du gärtnerst“, lautet ein alter Gärtnerspruch. Der Kompostplatz ist das Aushängeschild des Gartens und ein Zeugnis für den sorgsamen Umgang des Gärtners mit wertvollen Rohstoffen, mit dem belebten Boden und mit den Pflanzen, die darin wachsen. Gartenabfälle gibt es nicht! Jedes herabgefallene Blatt, jeder gemähte Grashalm, jedes gejätete Wildkraut ist hochwertige Vollwertkost für die Lebewesen des Bodens. Der Kompost ist die Batterie natürlicher Kraftreserven, aus der wir den Boden wieder aufladen können.

Es versteht sich von selbst, dass Unverrottbares wie Steine, Glas oder Plastik nichts auf dem Komposthaufen zu suchen haben. Eigentlich darf alles Verrottbare auf den Kompost, von manchen Abfällen ist allerdings eher abzuraten, z. B.:

**Zitrus- und Bananenschalen:** Wenn sie aus ökologischem Anbau stammen und nicht mit Fungiziden behandelt wurden, sind sie unbedenklich. Doch sie verrotten langsam und sollten nur zerkleinert und in geringen Mengen in den Kompost gegeben werden. Auch Gemüsereste aus konventionellem Anbau gibt man lieber nur fein dosiert in den Kompost.

**Fisch, Fleisch und gekochte Küchenreste:** Bei einer guten Hausfrau, einem guten Hausmann, die oder der sorgfältig kalkuliert und auch Essensreste noch kulinarisch verwerten kann, fallen derlei Abfälle kaum an. Hühnerknochen, Fischköpfe etc. sind nicht grundsätzlich schädlich für den Kompost, doch sie können durch ihren Geruch Ratten anlocken. Deshalb besser in die Mülltonne damit.

**Papier und Pappe:** Besser ist es, sie in die Altpapiersammlung zu geben. Wellpappe und Kartonagen können kompostiert werden, sofern sie nicht farbig bedruckt sind. Sie eignen sich gut, den Kompost abzudecken, da sie Wasser aufsaugen und die Abfälle vor zu starker Vernässung bewahren. Wer Papier und Pappe zwischen die Abfälle mischt, sollte sie vorher zumindest in handtellergroße Stücke zerreißen.

**Fäkalien von Katze, Hund und Mensch:** Sie gehören grundsätzlich nicht auf einen Kompost, der später auf Gemüse- oder Kräuterbeeten aufgebracht wird, da sie Krankheitskeime übertragen können. Auf Zierpflanzenbeeten oder dem Rasen kann ein solcher Kompost bedenkenlos ausgebracht werden.

**Holz- und Kohlenasche:** Holzasche enthält 14 % Kalium, ein wichtiger Pflanzennährstoff. Kalium ist allerdings ohnehin im Kompost enthalten, und auch die meisten Gartenböden sind von Natur aus reichlich mit Kalium versorgt. Zuviel dieses Nährstoffs kann die Aufnahme von Magnesium und Eisen blockieren, was Chlorose (gelbe und schließlich welkende Blätter) zur Folge haben kann. Kohleasche enthält häufig Schwermetalle und schwefelhaltige Verbindungen. Sie hat auf dem Kompost nichts zu suchen.

**Wildkrautsamen, Wurzeln:** Bei starker Erwärmung des Komposts gibt man die Samenunkräuter in die Mitte. Dort werden sie durch die sich entwickelnde Hitze abgetötet. Wurzelunkräuter wie Quecke, Giersch oder Zaunwinde haben sehr hartnäckige Wurzeln. In den Kompost sollten sie nicht. Man kann sie zusammen mit Brennnesseln verjauchen.

**Kranke Pflanzen:** Kranke Blätter mit Mehltau, Sternrußtau, Braunfäule oder Pflanzen, die mit Monilia, Rost oder der Himbeerrutenkrankheit befallen sind, dürfen auf den Kompost, sofern der sich über 45 ° erhitzt und auf diese Weise die Krankheitskeime abtötet. Kohl, Kohlrabi oder andere Pflanzen aus der Familie der Kreuzblütler, die von der Kohlhernie befallen sind, müssen aus dem Garten entfernt werden!

Ein Komposthaufen erwärmt sich bis auf 70 °C wenn man eine gute

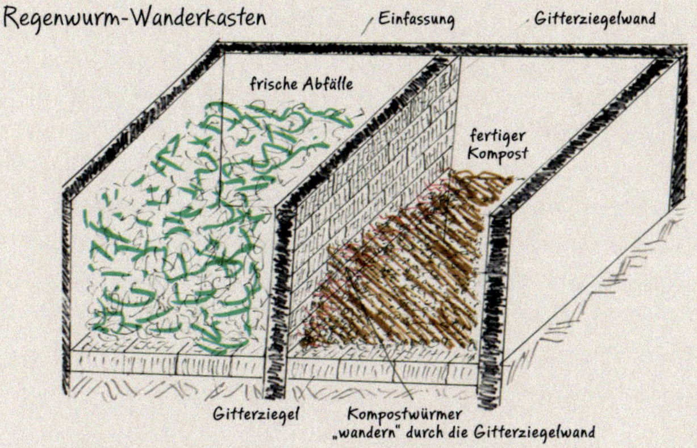

Mischung unterschiedlicher und zerkleinerter Abfälle auf einmal aufsetzt. Da in der Praxis aber meist immer nur sporadisch kleinere Mengen auf den Kompost kommen, empfiehlt es sich, die Abfälle zu sammeln und dann gut gemischt auf einmal aufzusetzen. Empfehlenswerte Maße für einen Haufenkompost sind 2–3 m Breite und 1,20–1,50 m Höhe und beliebige Länge.
Im Reihenhausgarten kommt die dafür benötigte Menge kaum zusammen. Hier empfehlen sich Kompostlegen von 1,20x1,20 m und 1 m Höhe. Diese Maße haben auch Europaletten aus denen sich leicht Kompostboxen bauen lassen. Meiden Sie aber Kompostboxen aus kesseldruckimprägniertem Holz! Sie enthalten Schwermetalle, die in den Kompost und damit auch in den Boden und ins Gemüse übergehen. Außerdem hält dieses Holz auch nicht länger als unbehandeltes Holz. Haltbarer sind unbehandelte Lärchenhölzer. Bereits beim Einfüllen sollten die Abfälle zerkleinert und immer gut durchmischt werden. Am besten stellt man zwei Legen auf, von denen eine mit frischen Abfällen gefüllt wird, während die Abfälle in der anderen Box in Ruhe verrotten können.

## Kompostzusätze

Sogenannte **Kompoststarter** enthalten Bakterien, sowie **Urgesteinsmehl** und **Stickstoff**. Wer schon einmal einen Kompost hatte, kann auf sie verzichten, wenn er ein paar Schaufeln voll des alten Komposts in die neuen Abfälle mischt. Kalk sollte man nur in Form von **Kohlensaurem Kalk** oder **Algenkalk** verwenden. Im Gegensatz zu dem häufig eingesetzten **Kalkstickstoff** wirken diese beiden Formen des Kalkdüngers milde und schonen die Lebewesen im Kompost. Bei einem ohnehin kalkhaltigen Gartenboden ist die Verwendung von Kalk, gleich welcher Art, nicht zu empfehlen. **Kalk** erhöht den **pH-Wert**, was eine Blockade von **Magnesium** und **Eisen** und dann **Chlorose** an manchen Pflanzen zur Folge haben kann. Eine Voraussetzung für eine gute und schnelle Verrottung der pflanzlichen Materialien ist das Verhältnis von Kohlenstoff zu Stickstoff (C:N-Verhältnis). Es sollte bei etwa 30:1 liegen. Bei einem hohen Anteil holziger Materialien (z. B. trockenes Staudenschnittgut) liegt der Anteil von **Kohlenstoff** manchmal höher. Zum Ausgleich kann man von Zeit zu Zeit eine Prise Hornmehl, ein organischer Stickstoffdünger, in die Kompostmaterialien streuen. Ein weiterer guter Zusatz ist **Urgesteinsmehl**, das ebenfalls fein zwischen die einzelnen Lagen des Komposts gestreut wird. Es handelt sich dabei um fein gemahlenen **Basalt**-, **Granit**-, **Lava**- oder **Porphyrstein**. **Steinmehl,** wie es auch genannt wird, bildet im **Kompost** die mineralische Komponente der von den **Regenwürmern** erzeugten **Ton-Humus-Komplexe**, der wertvollen und nährstoffreichen Bodenkrümel. Außerdem enthält es verschiedene **Spurenelemente**, darunter **Kieselsäure**, die von den Pflanzen aufgenommen und ins Gewebe eingelagert wird. So haben Krankheiten und Schädlinge nur geringe Chancen, der Pflanze zu schaden.

## Regenwurm-Wanderkasten, Wurmkiste

Der Bio-Landwirt **Heinz Erven** (1900–1993) erfand in seinem biologisch-dynamischen Obst- und Gemüsebaubetrieb „Paradies“ in der Nähe von Remagen einen **Wurmkomposter**, den er „Regenwurm-Wanderkasten“ nannte. Dabei handelt es sich um einen in den Boden gemauerten Kasten, der in der Mitte durch eine Wand aus Gitterziegeln mit waagerecht angeordneten Gittern in zwei Kammern geteilt ist. Man füllt nun eine Kammer nach und nach mit Abfällen. Beim ersten Mal setzt man **Kompostwürmer** *(Eisenia foetida)* ein, die von einer Regenwurmfarm zu bekommen sind, sobald die Abfälle die erste Rottephase überstanden haben. Ein besonders aktiver Wurm soll der aus Amerika eingeführte **„Tennessie-Whiggler“** sein. Das ist jedoch umstritten. Auch heimische Kompostwürmer sind sehr wirkungsvoll. Während die Würmer in der ersten Kammer mit ihrem guten Werk beginnen, wird allmählich die daneben liegende zweite Kammer gefüllt. Sobald die Kompostwürmer ihre Nahrung in der ersten Kammer aufgezehrt, also in Regenwurmerde verwandelt haben, „wandern“ sie durch die Gitterziegelwand ihrer Nahrung nach in die daneben liegende zweite, mit Abfällen gefüllte Kammer. Die fertige Komposterde wird aus der ersten Kammer entnommen, die dann wieder neu gefüllt werden kann. Ähnlich funktionieren die sogenannten Wurmkisten, die auf den Berliner „Wurmvater“ Hans-Gerhard Stark zurückgehen. Die kann man sogar auf dem Balkon aufstellen.

# Pflaster aus Kiesel und anderen Steinen

Das Pflaster unserer Terrasse besteht aus braungrauen Betonsteinen. Es war bereits vorhanden, als wir einzogen. Nachdem der Teich und der Wassergraben für Kräuter fertig war, pflasterte ich ein kleines Stück Weg von der Terrasse zum Steg, der über den Teich führt, mit großen Basaltpflastersteinen und kleinen Granitsteinen, die ich durch einen Zufall einmal auf einer wilden Bauschuttdeponie gefunden hatte. Ich pflasterte mit extra breiten Fugen, in die Gisela flach wachsenden Kümmelthymian pflanzte, der sich mit einigem Nachhelfen allmählich zwischen den Steinen ausbreitete.
Den größeren Teil der Pflasterarbeiten machten jedoch die Flächen nach dem Gewächshausbau und der Neugestaltung aus. Fachlich korrekt, hätte ich schon beim Bau des Gewächshauses das Gelände vom Teichufer bis zur hinteren Gartenpforte sowie von der westlichen zur östlichen Gartengrenze nivellieren müssen, um Wegeflächen anlegen zu können, die sich nicht nur den genannten Punkten, sondern im Niveau des Pflasters auch dem Gewächshaus anpassten. Wie man das macht, auch mit einfachen Mitteln, das hatte ich früher gelernt und hätte es sicher auch gekonnt. Doch ich konzentrierte mich auf das Gewächshaus. Das nach meiner Planung zwar eine Höhe von immerhin 2,20 Meter hatte, das ich aber mit Rücksicht auf den Nachbarn zur Rechten nicht noch höher bauen wollte. So endete die Oberkante des Gewächshausfundaments einige Zentimeter unter dem Niveau des Gartengeländes.
Ich musste also die Wegeflächen dieser Kante anpassen. Auf diese Weise konnten die Pflasterflächen nicht eben werden. Sie haben ein paar sanfte Wölbungen und Senken und passen sich sowohl dem Gewächshaussockel, als auch der hinteren Gartenpforte, dem Steg über den Teich sowie dem Fuß der Trockenmauern an. Doch uns macht das nichts aus, und bislang hat auch keiner unserer Besucher Anstoß daran genommen.

*Auf den fachgerechten Aufbau (oben) habe ich bei meinem Kieselpflaster verzichtet (unten).*

Unser Wohnort Vaterstetten liegt auf der Münchner Schotterebene. Das heißt, ab etwa 50 bis 60 Zentimeter Tiefe beginnt eine tief reichende Schicht aus Schotterkies. Sie enthält alles von kopfgroßen Steinen bis hin zu fein gemahlenem Kies. Die zum Pflastern brauchbaren Steine, etwa ab Faustgröße habe ich herausgelesen und auf einem besonderen Haufen gesammelt.

Damit begann ich zu pflastern. Wie man's richtig macht, lesen Sie im Kasten rechts unten. Ich verfuhr einfacher, unkonventionell. Denn um einen fachgerechten Unterbau zu erreichen, hätte ich einige Kubikmeter Erde aus dem Garten abfahren müssen, ich hätte sie wirklich nirgendwo mehr untergebracht. So musste ich auf ein Pflasterbett aus Kies und Sand verzichten. Ich lockerte den Mutterboden, planierte ihn sorgfältig und stampfte ihn noch einmal, dann raute ich die gestampfte Erde an der Oberfläche wieder ein wenig auf und verlegte die Kieselsteine. Zunächst pflasterte ich zu beiden Seiten des Weges einen Saum aus den größten Kieselsteinen, dann verlegte ich die anderen Steine zwischen diesen beiden Säumen und stampfte sie fest. Mit dieser Arbeit war ich einige Tage lang beschäftigt. In der Mitte vor dem Gewächshaus pflasterte ich einen runden Platz. Zum Schluss kam der Belag der Weidenlaube an die Reihe, bei dem ich sternförmig ein paar einzelne Ziegelsteine verlegte und den Platz um sie herum mit Kieselsteinen ausfüllte.

Die Kiesel aus der Grube für mein Erdgewächshaus reichten allerdings zum Pflastern nicht aus. Ich musste noch einige Ladungen aus einer nahe gelegenen Kiesgrube beschaffen.

Während der Arbeit an diesem Buch beschlossen wir, den letzten Teil des Stegs durch eine Erweiterung des Pflasters zu ersetzen, da der kleine, schräg an den Steg über den Teich angesetzte Teil von nur einem Meter Länge nach jeweils 2–3 Jahren morsch wurde. Ich entfernte ihn und erweiterte den Pflasterweg, der von der Terrasse ausgeht, durch ein Pflaster, dass sich aus Kopfsteinpflaster, kleinen Pflastersteinen, Ziegelsteinen und Kieselsteinen zusammensetzt. Die Fugen habe ich zum Bepflanzen mit flachwachsendem Thymian möglichst breit gelassen.

## Richtig pflastern

Für eine fachlich richtige Pflasterung hebt man die Erde 40 cm tief aus. In diese Vertiefung wird lagenweise Schotter eingefüllt und maschinell oder mit einem Handstampfer verdichtet. Die obere Schicht besteht aus Sand oder feinem Splitt, der sauber abgezogen eine ebene Fläche, das Pflasterbett bildet. Dort hinein legt man die Pflastersteine, klopft sie mit einem Gummihammer (Profis verwenden einen Pflasterhammer) fest. Abschließend wird das Pflaster mit dem Handstampfer befestigt. Die Fugen verfüllt man mit Sand.

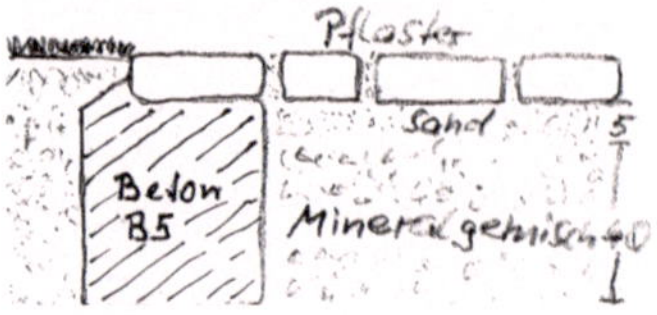

# Bäume und Sträucher

Wie bereits geschildert, hätte die viel zu große Anzahl von ungeeigneten und zu groß werdenden Gehölzen den Garten erdrückt. Ich habe alle Pflanzen, die zu groß in ihren Ausmaßen waren, in den Kreativgarten geschafft.
Geblieben sind eine Eberesche *(Sorbus aucuparia)*, ein Zierapfel *(Malus floribunda)* und eine Hundsrose *(Rosa canina)* sowie im Vorgarten ein Feuerahorn *(Acer ginnala)*.
Was jedoch nicht heißt, dass der Garten nun öde und leer aussah. Im Gegenteil. Die wenigen Gehölze bilden besonders markante Punkte im Garten.
Die Eberesche *(Sorbus aucuparia)* ist der größte Baum in unserem Garten. Er hat im Lauf von 30 Jahren eine Höhe von gut sieben Metern erreicht. Mit seinem lockeren Wuchs bildet er einen optischen Abschluss vor dem hinteren Gartenzaun. Leider kränkelt er in den letzten Jahren, verliert bereits im Sommer seine ersten Blätter und manche Äste sterben ab. Doch er blüht im Frühsommer in weißen Dolden und trägt im Hochsommer einen üppig rot-orangefarbenen Beerenschmuck. Ich werde alles tun, ihn zu erhalten.
In diese Eberesche hinein wächst ein Jelängerjelieber *(Lonicera caprifolium)*. Eine wundervolle Ergänzung zu diesem Baum. Bisher habe ich diesen Schlinger gewähren lassen, denn er ist weder ein Schmarotzer, noch erdrückt er den Baum. Doch in den letzten Jahren ist er so üppig geworden, dass ich ihn doch immer wieder einmal kräftig zurückschneide, um Licht und Luft in die Krone zu bringen. Auf der anderen Seite wächst die Kletterrose 'Ghislaine de Feligonde' in die Eberesche. So ziemlich in der Mitte des nördlichen Randes bildet der Zierapfel rund ums Jahr einen Blickfang. Anfangs sah er sehr mickerig aus und kränkelte. Dann habe ich mich entschlossen, ihn bis auf einen kleinen, an seinem Fuß empor sprießenden Seitentrieb zurück zu schneiden. Und siehe da: Er ist kräftig gewachsen und hat sich zu einem malerischen kleinen Baum mitten im Garten entwickelt, der rund ums Jahr einen tollen Anblick bietet. Bereits im April erscheinen seine zunächst rosa und später fast weißen Blüten in üppiger Fülle. Bald darauf folgen die kleinen, knapp murmelgroßen Apfelfrüchte, die sich früh rot färben und bis in den Winter hinein am Baum hängen bleiben. Die Amseln freuen sich darüber und ernten sie ab. Im Verlauf eines jeden Jahres bildet der Zierapfelbaum Wasserschosse, die ich im Frühjahr abschneide und nur wenige davon stehen lasse. Manchmal schneide ich einen etwas älteren Trieb heraus und lasse einen Wasserschoss seinen Platz einnehmen.
Gisela hat eine Vorliebe für Buchsbaum *(Buxus sempervirens)*. Eine bei gärtnernden Frauen beliebte Modeerscheinung. So hat sie aus Stecklingen Buchspflanzen herangezogen und mit der Schere in verschiedenen Größen zurechtgestutzt. Ihre Kegel bilden verschie-

*Von oben nach unten: „Vogelbeeren" der Eberesche, Zierapfel vor dem Aufblühen, Früchte des Zierapfels, im Schnee.*

## Buchsbaumzünsler – was tun?

Der Buchsbaumzünsler ist ein kleiner, schwarzweiß gemusterer Falter, der seine Eier auf den Blättern des Buchsbaums ablegt. Dessen grünliche Raupen mit schwarzen Punkten fressen und zerstören das gesamte Laub sowie die Rinde der Pflanzen, die dann nicht mehr lebensfähig sind.

Zu den wenigen natürlichen Feinden des Zünslers gehören Spatzen, Kohlmeisen, Rotschwänzchen, Buchfinken sowie Feldwespen. Das heißt also: Nistgelegeheiten schaffen und Wespennester nicht zerstören. Wichtig ist frühzeitiges Erkennen, also die Buchsbaumkugeln und Hecken immer wieder einmal kontrollieren, dabei die Zweige ein wenig auseinander drücken und ins Innere der Buchse schauen. Zum Erkennen des Befalls gibt es im Handel auch *Pheromonfallen,* mit denen die Männchen der Falter angelockt und gefangen werden.

**Maßnahmen, auch bei geringem Befall:**

- kräftig zurückschneiden, das Schnittgut sorgfältig einsammeln und zu einem öffentlichen Komposthof bringen. Schnittwerkzeuge reinigen.
- Die Buchse gründlich mit Algenkalk einstäuben. (Dies ist jedoch bei einem ohnehin schon hohen pH-Wert des Bodens nicht empfehlenswert) oder mit einer Lösung *Bacillus thuringiensis* einsprühen.

Diese Maßnahmen mehrmals wiederholen.

dene grüne Fixpunkte im Garten, die, und das ist der Vorteil von Buchs, auch den Winter hindurch grün bleiben.
Doch leider hat der Buchsbaumzünsler auch vor unserem Garten nicht Halt gemacht. Wir hatten den hinteren Eingangsweg, der an unserem Treppenabgang zum Erdgewächshaus vorbei in den Garten führt an einer Seite mit einer kleinen Hecke aus Giselas selbst gezogenen Buchsen gesäumt. Doch nach ein paar Jahren hatten ihnen die Raupen des Zünslers den Garaus gemacht. Wir entschlossen uns, die Hecke zu roden und einen Ersatz zu pflanzen. Viele Jahre zuvor hatte ich schon einmal *Ilex crenata* gesehen und als Buchsersatz kennengelernt – die „Japanische Stechpalme" wie dieser Ilex auch genannt wird, obwohl seine Blätter im Gegensatz zu seiner Verwandten, der Stechpalme *(Ilex aquifolium)* keineswegs stachelig sind. Mit seinen kleinen länglich-rundlichen Blättern sieht die Japanische Stechpalme dem Buchsbaum zum Verwechseln ähnlich. Allerdings mussten wir im Lauf der Jahre fest-

stellen, dass sich die Blätter dieser Hecke gelb färben. Sie bekamen Chlorose, ein Zeichen dafür, dass unser Gartenboden für diesen Ilex zu kalkreich ist. Als weiteren Ersatz fand ich die Heckenmyrthe *(Lonicera nitida)*. Man sieht sie oft im öffentlichen Grün, leider nicht selten schlecht gepflegt und wenig attraktiv. Wenn man sie jedoch wie eine Buchshecke schneidet, verzweigt sie sich buschig und dicht und sieht nicht minder schön aus als eine Buchshecke. Vor allem: die Heckenmythe ist robust und absolut gesund. Einige Buchskegel sind noch frei vom Zünsler, und wir hoffen, dass das noch lange so bleibt.

## Es muss nicht immer Buchsbaum sein, denn …

Kugeln und Figuren sowie niedrige Einfassungshecken kann man mit der Schere auch aus anderen Kleingehölzen formen und schneiden, **Japanische Stechpalme** (*Ilex crenata*) sieht dem Buchsbaum zum Verwechseln ähnlich und ist nicht minder schön. Nachteil: Auf sehr kalkhaltigem Boden bekommen die Blätter Chlorose. Mit **Gamander** *(Teucrium chamaedris)* haben die Gärtner von König Charles die vom Zünsler zerstörten Buchshecken im Küchengarten von dessen Landsitz Highgrove ersetzt. Außerdem: **Eibe** (*Taxus baccata* 'Overeynderi'), Zwergliguster (*Ligustrum vulgare* 'Lodense'), **Zwergmispel** (*Cotoneaster dammeri* 'Coral Beauty'), **Rote Teppichbeere** *(Gaultheria procumbens)*, **Spindelstrauch** *(Euonymus fortunei)* – eigentlich ein Klettergehölz, lässt sich aber auch als niedrige Einfassungshecke ziehen, **Kleine Blutberberitze** (*Berberis thunbergii atropurpurea nana*), **Heckenmyrthe** (*Lonicera nitida* 'Maigrün'). Letztendlich lassen sich auch mediterrane Kräuter wie **Lavendel** *(Lavandula angustifolia)*, **Eberraute** *(Arthemisia abrotanum)*, **Ysop** *(Hysoppus officinalis)*, **Salbei** (*Salvia officinalis* 'Purpurascens') sowie **Katzenminze** *(Nepeta faassenii)* als niedrige Einfassungshecken ziehen.

*Gamander (Teucrium chamaedrys)*

## Die Mönchsrebe am Balkon

In meinen Anfangsjahren bei *kraut&rüben* lernte ich den Hobbywinzer Lorenz Hoffleisch aus Niederroth bei Dachau kennen. Dessen Grundstückseinfahrt war von Weinreben gesäumt, die über der Einfahrt zusammenwuchsen und eine Laube bildeten.
Unter den verschiedenen Reben befand sich eine besonders wüchsige, die reich mit kleinen blauen Trauben behangen war. Zu dieser Rebe erzählte mir Hoffleisch, dass er sie an einer Scheunenwand in

*Gamanderhecke*

*Ilex crenata*

*Lonicera nitida*

einem niederbayerischen Dorf gesehen hatte. Den Namen der Sorte konnte man ihm nicht nennen, doch man erzählte ihm, dass es in diesem Dorf einmal ein Kloster gegeben habe, dessen Mönche Verbindungen nach Südfrankreich gehabt hätten. Von dort sei die Rebe vermutlich gekommen. Da die Rebe keinen Namen hatte, jedoch von Mönchen kam und er in Niederroth wohnte, taufte er diese Rebe „Niederrother Mönchsrebe“. Das ist natürlich kein offizieller Sortenname, doch unter diesem Namen hat die Rebe einen gewissen Bekanntheitsgrad erlangt, wozu auch ich mit meinem Artikel in *kraut&rüben* beigetragen habe. Eine solche Rebe pflanzte ich links neben unsere Terrasse. Am Geländer des darüber liegenden Balkons befestigte ich vier Drähte, deren untere Enden ich mit Heringen am Boden befestigte. Den Mitteltrieb und die Seitentriebe leitete ich an diesen Drähten empor. Sie wuchsen ungeheuer schnell, so dass ich sie bald rund um das ganze Balkongeländer leiten konnte. Nachdem das als Rankhilfe noch immer nicht reichte, baute ich aus Dachlatten eine kleine Pergola über dem Balkon, über die ich die Triebe wachsen ließ. Ich muss den Wein Jahr für Jahr kräftig zurückschneiden, denn die Triebe haben schon einmal die gut einen Meter über der Weinlaube befindliche Dachrinne des Hauses erreicht. Etwa Anfang August, sobald sich die Trauben blau färben, muss ich sie vor den Amseln schützen, die sich gierig darauf stürzen. Ich habe die ganze Laube mit einem Vogelschutznetz abgedeckt. Eine Heidenarbeit, denn dieses Netz verhakt sich immer wieder in den Seitentrieben. Außerdem muss es rundherum absolut dicht sein. Denn es ist uns schon einmal passiert, dass ein Vogel unter das Netz geschlüpft ist und sich bei dem Versuch hinauszufliegen in den Maschen verfangen und erdrosselt hat. Ich befestige das Netz an der Holzfassade mit Reißzwecken. An den anderen Stellen rolle ich den Saum ein und verschließe diese Stellen mit Wäscheklammern. Nach der Ernte der Weintrauben, dauert es fast einen Tag, bis ich es wieder gänzlich entfernt, von Blättern und restlichen Trauben befreit und wieder zusammengefaltet und gelagert habe. Ich sinne schon seit Jahren nach einer leichteren aber ebenso wirksamen Lösung. Dieser Aufwand hat sich in den meisten Jahren gelohnt. Obwohl die Mönchsrebe eine Traube zum Keltern, also zur Herstellung von Wein ist, essen wir sie wie eine Tafeltraube, denn die kleinen Beeren schmecken süß und sind sehr aromatisch.

Mehr als 30 Jahre ist diese Rebe am Balkon empor gewachsen und hat reich getragen. Sie war völlig gesund. Ein Pflanzenschutzmittel, gleich welcher Art habe ich nie gebraucht.

Leider wurden die Blätter in den letzten Jahren dann doch von Mehltau befallen. Ob es an ihrem

Alter oder an der teils ungewöhnlichen Witterung mit Trockenheit und Hitze lag, weiß ich nicht. Ich werde ihn im nächsten Frühjahr kräftig zurückschneiden und mit einem biologischen Pilzmittel auf der Basis von Schachtelhalm behandeln.

## Eine Pergola auf dem Balkon

Da ich keine Löcher in die Holzfassade an der Gartenseite unseres Hauses bohren wollte, sann ich nach einer Möglichkeit, eine stabile aber auch zierliche Pergola auf dem Balkon zu bauen. Sie sollte weder an der Hauswand noch am Boden des Balkons befestigt werden. Als Material boten sich Dachlatten an, die ich passend zurecht sägte, mit einem Schwingschleifer glättete und mit der grauen Farbe der Holzverschalung unserer Hauswand anstrich. Als Ständer befestigte ich je drei Mal zwei Latten paarweise an dem verzinkten Stahlgeländer, indem ich sie an zwei Stellen durchbohrte und mit Schlossschrauben in der Weise miteinander verband, dass sie die Rohre fest umschließen. Die gleichen Ständer brachte ich an der gegenüber liegenden Seite an. Am oberen Ende baute ich jeweils ein Vierkantholz als Pfette ein, das den gleichen Durchmesser hat wie die Stahlrohre des Geländers. Drei Auflagehölzer, ebenfalls mit Schlossschrauben auf den Pfetten angebracht, vollenden die Pergola. Ich wählte Schlossschrauben, weil sie sich mit der Hebelkraft eines Schraubschlüssels leichter lösen lassen als z. B. Flügelschrauben, wenn nach Jahren einmal die eine oder andere Latte ausgetauscht werden muss.

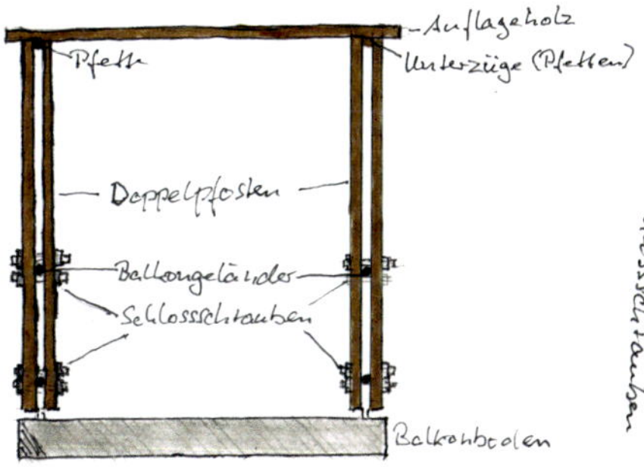


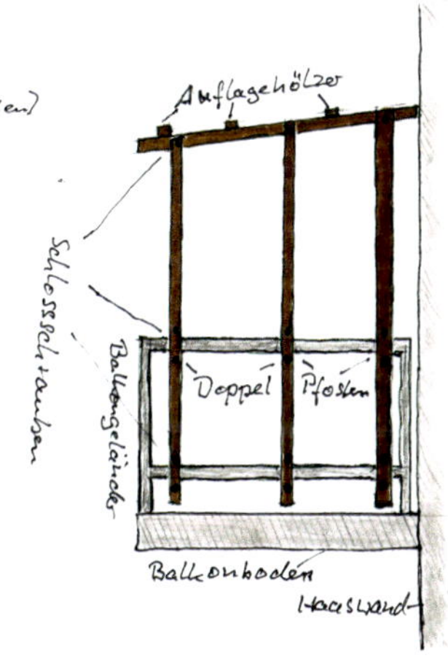


*Balkonpergola, Frontansicht (links) und Seitenansicht (rechts).*

## Schatten spendende Weidenlaube

In der äußersten Ecke unseres Gartens, wo die südliche und westliche Grenze zusammenlaufen, stand zunächst ein Apfelbaum, den ich aber mit den beiden anderen Apfelbäumen in den *Kreativgarten* umgepflanzt habe. Nachdem dieser Baum sowie die Hasel und der Feldahorn, die dort standen, umgesiedelt waren, wünschte sich Gisela in dieser Ecke eine Schattenlaube. Den Wunsch konnte ich gut verstehen, denn an sommerlichen Tagen wird es von vormittags bis zum späten Nachmittag auf unserer Terrasse mitunter unerträglich heiß, trotz des Schattens den das Weinspalier wirft. Wir wollten dort aber nicht wieder ein aufwendiges Bauwerk wie das Gewächshaus errichten. Es sollte eine natürliche Laube werden. Ein paar Jahre zuvor hatte ich von einem Vaterstettener Imker ein paar Stecklinge der **Lorbeerweide** *(Salix pentandra)* bekommen. Er schwärmte davon: Die Kätzchen böten den Bienen reichlich Pollen und Nektar an.

Ich zog daraus ein paar kleine Bäume heran, von denen ich zwei im *Kreativgarten* als natürlichen Torbogen pflanzte. Von den Ästen,

*(weiter auf S. 75)*

## Kletterpflanzen

Wein ist zweifellos eine Kletterpflanze, allerdings eine, die nur schwer von selber klettert. Doch in unserem Reihenhausgarten wachsen auch andere Kletterpflanzen: **Jelängerjelieber** *(Lonicera caprifolium)* schlingt sich nicht nur um den Stamm unserer Eberesche herum, sondern ebenso um einen Eisenstab in der Nähe unserer Terrasse. In sommerlichen Abendstunden können wir bei einem Glas Wein den betörenden Duft dieses Schlingers einatmen. Er blüht nicht nur schön, sondern trägt auch im Herbst und bis in den Winter hinein kräftig rote Beeren, an denen sich die Vögel erfreuen.

*Jelängerjelieber*

*Kletterspindel*

*Efeu und Wilder Wein*

An der Trennwand der Terrasse zu unserem Nachbarn wächst **Efeu** *(Hedera helix)* empor. Mit ihm haben wir **Wilden Wein** *(Parthenoscissus quinquefolia)* durch den Maschendrahtzaun geflochten. Beide sind zwar Selbstklimmer, doch sie lassen sich auch gut durch einen Maschendraht leiten. Von einem anderen Selbstklimmer brachte ich einmal ein paar Stecklinge mit, die ich mir an der Hauswand einer Gärtnerei in England selber schneiden durfte.

**Der Kletterspindelstrauch** *(Euonymus fortunei)* bildet wurzelähnliche Haftorgane aus, ähnlich dem Efeu. Er kann also ohne zusätzliche Kletterhilfe an der Wand emporklettern. Hierzulande ist er meist in seiner Form mit weißgrün panaschiertem Laub bekannt. Doch der, den ich aus England mitgebracht habe, hat kleine „nur“ grüne Blätter. Er schiebt seine dünnen Triebe zwischen den beiden anderen Kletterern empor.

Ein besonders schöner Kletterer hat an der westlichen Rückwand unseres Erdgewächshauses direkt neben der Treppe seinen Platz eingenommen: Der **Winterjasmin** *(Jasminum nudiflorum)*. Er beansprucht nur eine kleine offene Bodenfläche von etwa 30x30 Zentimetern. Als Kletterhilfe habe ich mit Dübeln und Ösen einen Draht in zwei übereinander liegenden Reihen an der Wand gespannt und die langen, peitschenartigen Triebe daran befestigt.

Bald hatte er sich aber so stark verzweigt, dass es keiner weiteren Unterstützung zum Klettern mehr bedurfte. Gisela schneidet den Winterjasmin nach der Blüte kräftig zurück, so wie eine Hecke.

Er fängt bereits gegen Ende Oktober, Anfang November an zu blühen und ist dann den ganzen Winter hindurch bis in den April hinein mit goldgelben, sternförmigen, kleinen Blüten besetzt. Danach schneidet Gisela ihn zurück. Den Sommer über ist er nur grün, nicht allein seine kleinen Blätter, sondern auch die Triebe, die sehr lang werden können. Einen Teil davon haben wir lang wachsen lassen und an der Oberkante an der Südseite des Erdgewächshauses noch gut zwei Meter weit entlang geleitet. Von der anderen Seite wachsen die Triebe der **Hundsrose** dem Winterjasmin entgegen und verflechten sich mit ihm ein Stück weit miteinander. Zu den goldgelben Blüten des Jasmins kommen die Hagebutten der Hundsrose. Nicht zuletzt eine weitere Attraktion: *Clematis serratifolia,* eine **Wildart der Waldreben,** für die es keinen deutschen Namen gibt. Sie wuchert über der Weidenlaube, die etwas später beschrieben wird. Im September zeigt sie ihre cremefarbenen kleinen, glockenförmigen Blüten, die wir einen ganzen Monat lang genießen können. Danach schmückt sie sich mit den silbrigen Samenständen, die den ganzen Herbst und Winter hindurch an dieser Clematis bleiben. Im darauffolgenden Frühjahr schneide ich sie kräftig zurück. Mit weißen Blüten schmückt sich die **Kletterhortensie** *(Hydrangea petiolaris)*. Wir fanden sie bereits bei unserem Einzug vor. Sie wächst am Staketenzaun an der Rückseite. Obwohl sie eigentlich Schatten verträgt, hat sie sich dort im Schatten der Weidenlaube nie so richtig entwickelt.

*Clematis serratifolia, (oben). Samenstände (unten); C.alpina (oben rechts), C. tangutica.*

## Vier verschiedene Kletterer

*Kletterhortensie (oben), Herbstfärbung (unten).*

Kletterpflanzen klettern auf unterschiedliche Weise, je nach Art. Wer Wände, Säulen oder Bäume mit ihnen bewachsen lassen will, sollte genau über ihre Kletter- und Wuchseigenschaften Bescheid wissen. Man unterscheidet vier verschiedene Gruppen:

### 1. Selbstklimmer

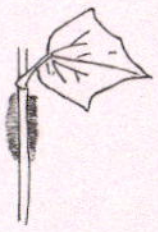

Dabei handelt es sich um Kletterpflanzen, die in der Natur an einem Baum, im Garten meist an einer Mauer oder Hauswand empor klettern. Sie benötigen keine weitere Kletterhilfe, weil sie sich mit ihren Haftorganen festhalten: **Efeu** *(Hedera helix)* hält sich mit Haftwurzeln an der Wand oder einem Baum fest, **Wilder Wein** (*Parthenocissus quinquefolia, P. tricuspidata* 'Veitchii') mit Haftscheiben an den Enden ihrer Rankfäden. In unserem Garten klettert Efeu an den Trennmauern der Terrasse empor. Zudem haben wir ihn, zusammen mit Wildem Wein, durch den Maschendrahtzaun zum Nachbarn geflochten, den sie nun vollends überwachsen haben. Der dritte Selbstklimmer ist der **Kletterspindelstrauch** *(Euonymus fortunei),* der sich wie Efeu an einer Wand festhält. Auch die **Kletterhortensie** *(Hydrangea petiolaris)* gehört zu den Selbstklimmern. Ein Exemplar hat den Staketenzaun an der Rückseite des Gartens durchwachsen.

Selbstklimmer schaden der Hauswand nicht, wenn folgende Bedingungen erfüllt sind: Das Mauerwerk muss makellos verfugt, der

*Edelwicke (Lathyrus odoratus)*

Putz, am besten ein Mineralputz, einwandfrei und trocken sein. Bedenklich sind Holzfassaden. Eine charakteristische Eigenschaft der Selbstklimmer ist der „negative Fototropismus“, d. h. sie wachsen mit ihren Triebspitzen nicht zum Licht, sondern wenden sich vom Licht ab. So gelangen sie in Hohlräume und können dort durch ihr Dickenwachstum Schaden anrichten. Wo Feuchtigkeit herrscht und durch schadhaften Putz Bedingungen entstehen, die einem Substrat ähneln, können sich die Haftorgane in Wurzeln umwandeln und sich ebenfalls unter dem Putz ausbreiten und Schaden anrichten.

## 2. Schlinger

Diese, auch „Winder“ genannten Kletterer schlingen ihre Triebe um einen Baum, einen senkrechten Ast sowie einen Pfahl, eine Säule oder einen senkrecht gespannten Draht empor. Manche Arten schlingen sich rechts, andere links um ihre Kletterhilfe herum. Doch das ist für die Praxis unerheblich. Unter den einjährigen Pflanzen sind Stangenbohnen und die Trichterwinde sowie die berüchtigte Ackerwinde die bekanntesten Vertreter dieser Kletterer. In unserem Garten ist es das **Jelängerjelieber** *(Lonicera caprifolium)*. Es schlingt seine Triebe um die Eberesche sowie um einen Eisenstab. Besonders starkwüchsige Schlinger wie **Blauregen**, auch **Glycine** *(Wisteria sinensis)* genannt, sowie **Baumwürger** *(Celastrus orbiculatus)* brauchen eine starke Stange oder Säule aus Stahl als Kletterhilfe. Niemals sollten sie an das Fallrohr einer Dachrinne gepflanzt werden! Durch ihr schnelles (Dicken-)Wachstum würden sie das dünne Blech des Rohrs erdrücken. Auch Pergolen mit Holzpfählen können durch diese starken Schlinger zerstört werden.

## 3. Ranker

Diese Kletterer bilden Rankfäden aus, wie wir sie vor allem bei Erbsen oder Wicken *(Lathyrus)* kennen. In unserem Garten ranken zwei **Staudenwicken** *(Latyrus latifolius)* um kegelförmige, von Gisela aus Weidenruten und Kükendraht gebastelte Klettergerüste herum. Für den Sommer zieht Gisela auch einjährige **Duftwicken** *(Lathyrus odoratus)* heran, die in einem großen Topf an einem Gestell aus Kükendraht emporranken. Wieder anders klettert die **Waldrebe** *(Clematis-Arten)*. Man bezeichnet sie im Hinblick auf ihre Kletterorgane als **Blattstielranker**. Die Waldrebe schlingt ihre Blattstiele um die Kletterhilfe (z. B. Draht herum). Rankpflanzen benötigen Kletterhilfen aus dünnem Draht, um den sich ihre Fäden oder Blattstiele leicht herumschlingen können.

## 4. Spreizklimmer

Die bekanntsten Vertreter dieser Gruppe sind **Rosen**. In der Natur haken sie sich mit ihren Stacheln an der Borke von Bäumen ein oder lassen ihre langen Triebe durch das Geäst anderer Sträucher und Bäume wachsen. Mit ihren Seitentrieben verhaken sie sich in deren Gezweig. Ohne Stacheln gehört auch der **Winterjasmin** *(Jasminum nudiflorum)* zu dieser Gruppe, der zwar stachellos ist, doch mit seinen peitschenartigen Trieben in das Astwerk anderer Gehölze hineinwächst und sich mit seinen Nebentrieben verhakt.
Im Garten klettern Spreizklimmer selten von selber. Sie brauchen ein Spalier, an dem man zumindest ihre Haupttriebe entlang leitet und anbindet.

*Winterjasmin (Jasminum nudiflorum)*

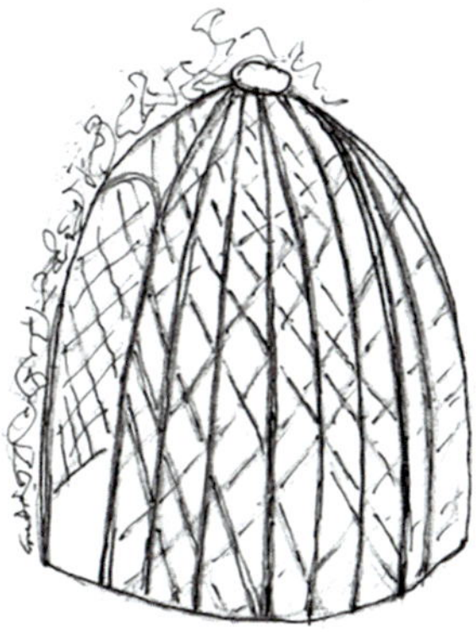

*Grafische Darstellung einer Weidenlaube (oben). Gemütlicher Plausch in der schattigen Laube.*

die beim Rückschnitt anfielen, zog ich weitere Bäume und sogar eine ganze Hecke, die den *Kreativgarten* an der Südseite begrenzt.
Die anderen herangezogenen Weidenbäumchen pflanzte ich rund um einen kleinen Platz, den ich in dieser Ecke reserviert hatte. Den Platz pflasterte ich anschließend mit Ziegeln und Kieselsteinen.
Nachdem die Bäume neue lange und starke Triebe gebildet hatten, bog ich sie zur Mitte und befestigte sie aneinander mit einem Bindfaden. Auch mit den seitlichen Austrieben verband ich die Bäume untereinander. So hatten wir eine schöne gewachsene Weidenlaube, die auch immer dichter wurde.
Allerdings ließ die Freude über unsere gelungenes Naturbauwerk nach einigen Jahren wieder ein wenig nach. Immer wieder vertrockneten die Triebe der Weiden und schließlich starben manche Bäume ab. – Weiden können auf Dauer weder Trockenheit noch Schatten vertragen. Auch zu stark über den Scheitelpunkt gebogene Triebe sterben ab. Diese Erfahrung haben wir auch im *Kreativgarten* mit unseren Weiden gemacht.

Schließlich flocht Gisela Efeuranken durch die Bäume und Ruten hindurch, die mittlerweile eine dichte grüne Wand bilden. Allmählich müssen wir die tragenden Säulen aus Weiden durch andere Materialien ersetzen. Im Jahr 2019 schlug ich rundherum 2,50 Meter lange Armierungsstangen in die Erde, die nun das tragende Gerüst unserer Weidenlaube bilden.
Diesen Platz in unserer Laube möchten wir an sonnig-heißen Tagen nicht mehr missen.

## Unsere Rosen im kleinen Garten

Eine erste Rose gab es von vornherein in unserem Garten. Eine **Hundsrose** *(Rosa canina)*. Dabei weiß ich noch nicht einmal mehr, ob die jemand gepflanzt hatte oder ob sie als Sämling wild aufgegangen ist, und wir, weil wir nicht nur die Blüten dieser Wildrose, sondern auch die Hagebutten lieben, ihn einfach wachsen ließen. Beim Bau des Erdgewächshauses schnitt ich diese Hundsrose kräftig zurück.
Nachdem das Gewächshaus fertig war, leitete ich einige der nachgewachsenen langen Triebe an der Vorderkante des Daches entlang.
Sie erreichen immerhin eine Länge von vier bis fünf Metern. Dort an der Kante befindet sich ein mit Ösen befestigter Draht. Von der Ostseite her führe ich die Triebe der Hundsrose daran entlang. Etwa in der Mitte treffen sie sich mit den immergrünen zarten Trieben des **Winterjasmins** *(Jasminum nudiflorum)*, mit dem sie sich ein Stück weit verflechten. So können wir uns an einem winterlichen Farbenspiel erfreuen: Die kräftig roten

Hagebutten und die leuchtend gelben Sternblüten des Winterjasmins bunt gemischt, lugen unter weißen Schneehauben hervor. Und die Amseln haben ihre Freude an den Früchten der Rose. Merkwürdigerweise fangen sie erst an, sie aufzupicken, wenn der Winter schon fast vergangen ist. Aber uns soll's recht sein, so haben wir länger Freude an dem schönen Anblick.

## Nach 'Ännchen von Tharau' – 'Lemon Rambler'

Gleich im ersten Jahr unseres Gartens habe ich nahe der Terrasse einen Pfahl errichtet mit einem Vogelfutterhäuschen im Stil eines norwegischen Blockhauses darauf. Dieses Häuschen bekam ich Anfang der 1980er-Jahre von der Firma *re-natur* in Schleswig-Holstein. Es hat ein begrüntes Dach und ist eigentlich als Futterhäuschen gedacht, doch die Amseln haben es schon mehrmals als Nistplatz in Beschlag genommen.
An den Fuß setzte ich eine Kletterrose, die nicht nur schön blühen sollte, sondern ebenso mit ihren Stacheln die Vögel vor Katzen und Mardern schützen, die es auch in unserer Wohngegend gibt.
Zu unserem 16. Hochzeitstag im Jahr 1991 schenkte ich Gisela eine Kletterrose mit dem poetischen Namen 'Ännchen von Tharau'. Diese Rose wuchs sehr schnell. Wir leiteten ihre Triebe zunächst spiralförmig um den Pfahl und verteilten sie dann gleichmäßig rund um das Vogelhäuschen. Die längsten und kräftigsten Triebe banden wir über dem Häuschen zusammen.
Unser „Ännchen", wie wir die Rose liebevoll nannten, blühte von Jahr zu Jahr üppiger. Die Blüten verwandelten sich von zunächst Zartrosa in fast Weiß. Und sie dufteten. Dieser üppige Rosenflor ließ dieses Vogelfutterhäuschen wie ein kleines Dornröschenschloss erscheinen. Leider konnten die Blüten nicht dem Regen standhalten. Wenn es im Juni gerade zu ihrer Blütezeit regnete, waren sie dahin. Die verklebten, halb geöffnete Blüten verwandelten sich in Mumien. Und die Rose blühte nur einmal. Dennoch liebten wir sie. Immer wieder schnitt ich sie kräftig zurück, formte ihre nachwachsenden Triebe neu, doch im Lauf der Jahre bereitete sie uns immer weniger Freude, so dass Gisela sich eine andere Rose an dieser Stelle wünschte.
Dazu musste ich unser „Ännchen" erst einmal ausgraben. Wir staunten nicht schlecht, als wir den Wurzelstock freilegten und in immer tiefere Schichten vordrangen. Der Wurzelstock war in 27 Jahren zu einem dicken Stamm herangewachsen.
Bekanntlich sollte man Rosen nicht an denselben Platz pflanzen, an dem schon einmal Rosen gewachsen sind. Es sei denn, man tauscht die Erde aus. Das ist nicht immer leicht, denn woher die frische Erde für das Pflanzloch nehmen. In unserem Garten gab es diese Möglichkeit: Ich hob die Erde 60 x 60 x 60 Zentimeter tief aus und tauschte diese ausgehobene Erde gegen Erde aus dem Gewächshaus aus. Denn auch das Erdbeet im Gewächshaus kann von Zeit zu Zeit eine Auffrischung mit neuer Erde vertragen.
Bei der Auswahl einer neuen Rose ließ ich mich von Heinrich Schultheis, Inhaber der Rosenschule Schultheis in Bad Nauheim-Steinfurth (Hessen) beraten. Ich zeigte ihm auf meinem iPhone ein Foto von dem Pfahl mit dem Vogelhäuschen. Er empfahl mir 'Lemon Rambler' eine neue Züchtung aus seiner Rosenschule. Sie blüht halbgefüllt zunächst zartgelb, das allmählich in Weiß übergeht, und sie duftet. Für diese Rose haben wir ein Rankgerüst rund um den Pfahl errichtet. Innerhalb von zwei Jahren hat sie ihre Triebe schon rundherum ausgebreitet.

# Unsere Rosen

### Hundsrose *(Rosa canina)*

Sie ist unsere heimische Wildrose und daher auch absolut robust und winterhart. Mit ihrem üppigen Wuchs entwickelt sie bis zu drei Meter hohe Sträucher. Die ungefüllten zartrosa bis weißen Blüten erscheinen innerhalb von drei bis vier Wochen im Juni. Sie duften leicht und bieten eine gute Bienenweide.

Ab September erscheinen scharlachrote Hagebutten, die den Vögeln im Winter eine wichtige Nahrungsquelle bieten, sich aber auch gut in der Küche verwerten lassen. Für einen Reihenhausgarten ist sie eigentlich nicht zu empfehlen, doch wir haben sie in eine Kletterrose verwandelt, indem wir ein, zwei lange Triebe am First unseres Erdgewächshauses entlang ziehen und die anderen, nachwachsenden Triebe entfernen.

### 'Ghislaine de Feligonde' *(Rosa multiflora-Hybride)*

Aus dem Jahr 1916 stammt dieser Rambler, den der französische Rosenzüchter Eugene Maxime Turbat aus Orleans hervorbrachte. In den Katalogen der Rosenschulen ist die

Höhe der Rose mit 2,5 Meter angegeben, in unseren beiden Gärten erreichen ihre fast stachellosen Triebe jedoch Längen bis zu vier Meter. Die „Ghislaine" blüht gefüllt reich und bis in den September hinein in zahlreichen Büscheln, zunächst apricotfarben, im Aufblühen mehr und mehr cremeweiß. Sie duftet ein wenig. Die Rose ist absolut robust, gesund und winterhart.

Diese Ramblerrose hat Gisela aus einem Steckling gezogen: 'Ghislaine de Feligonde'. Sie wächst bereits in unserem Kreativgarten an der Rosenlaube. Gisela hat sich in meiner Fachliteratur einmal schlau gemacht und hat's probiert. Und siehe da: Sie gewann einen bewurzelten Steckling, den sie aufpäppelte und an den Fuß der Eberesche pflanzte. Deren Stamm hat die Rose mittlerweile vier Meter hoch erobert.

### 'Ännchen von Tharau' *(Rosa alba x Rosa arvensis-Hybr.)*

Diese Ramblerrose wurde von dem böhmischen Rosenzüchter Rudolf Geschwind (1829–1910) im Jahr 1886 herausgebracht. Ihren poe-

Terrasse mit Ännchen

tischen Namen hat sie nach dem ostpreußischen Volkslied „Anke van Tharaw“ von Simon Dach, das von Johann Gottfried Herder ins Hochdeutsche, „Ännchen von Tharau“ übersetzt wurde. Die Ramblerrose ist aus der **Weißen Rose** *(Rosa alba)* und einer **Feldrose** *Rosa arvensis*-Hybride gekreuzt. Sie eignet sich zum Beranken von Bäumen, lässt sich aber auch gut an Klettergerüsten emporleiten. Ihre centifolienartigen, gefüllten Blüten sind rahmweiß und im Innern rosa. Von ihnen geht ein zarter Duft aus. Ein Wehrmutstropfen: Die Blüten sind nicht regenfest. Das Laub der Rose ist graugrün. Die Triebe der 'Ännchen von Tharau'-Rose erreichen mühelos eine Länge von fünf Metern. Diese Rose ist absolut winterfest und gedeiht auch an einem halbschattigen Standort. In unserem Garten erfreute sie uns 26 Jahre lang.

### Lemon Rambler

Nachdem wir 'Ännchen von Tharau' entfernt und den Boden ausgetauscht haben, folgten wir einer Empfehlung von Heinrich Schultheis, Rosenzüchter und Inhaber der ältesten Rosenschule Deutschlands: 'Lemon Rambler'. Selbstredend stammt diese Neuzüchtung aus dem Jahr 2014 aus der Schule

von Schultheis. Mit seinen bis zu drei Meter langen Trieben eignet sich dieser Rambler zum Bekleiden von Rosenbögen und Obelisken. Die lieblich duftenden, rahmweiß bis zartgelb gefärbten Blüten stehen in Rispen. Die verblühten Rosen reinigen sich selbst, sie lassen ihre Blütenblätter fallen und blühen schnell wieder nach.

### Apothekerrose *(Rosa gallica var. officinalis)*, auch Essigrose genannt

Diese Rose wurde erstmalig 1310 erwähnt, vermutlich wird sie in Europa schon länger kultiviert. Bekannt ist, dass sie zur Gewinnung der ätherischen Öle aus den Blüten für medizinische Zwecke schon seit dem 15. Jahrhundert in Provins nahe Paris großflächig angebaut wurde.

Diese Rose wächst strauchförmig bis zu 1,20 Meter hoch und bringt von Juni bis Juli reichlich halbgefüllte, rosarote und intensiv duftende Blüten hervor. Einen reizvollen Anblick bieten auch ihre Staubgefäße, die deutlich hervortreten. Die Essigrose blüht nur einmal, bildet aber auch kugelige oder birnenförmige, braunrote Hagebutten. Als Wildrose ist sie nicht veredelt, sondern treibt Ausläufer, durch die sich die Rose auch leicht vermehren lässt. Sie ist absolut robust und gedeiht auch im Schatten. Von der *Rosa gallica* stammen verschiedene Sorten ab. Sie ist auch die Mutter vieler anderer Rosenzüchtungen.

*Rose de Resht*

### Damaszenerrose *(Rosa damascena)* 'Rose de Resht'

Vermutlich stammt diese Rose aus Persien. Nach Deutschland wurde sie 1950 eingeführt. Die gefüllten, absolut regenfesten Pompomblüten schwanken zwischen Purpur und Kirschrot. Rose de Resht bringt zwei bis drei Blütenschübe hervor. Ihr intensiver Duft durchdringt ganze Gartenpartien. Die Rose wird etwa einen Meter hoch und beansprucht auch in der Breite einen Meter Platz.

Jacques Cartier

### Damaszenerrose 'Jaques Cartier

Diese Rose stammt aus der französischen Rosenschule Moreau-Robert in Angers, die sie 1868 herausbrachte. Sie wächst kompakt bis zu 1,5 Meter hoch und trägt robustes Laub. Aus den dunkelrosa Knospen öffnen sich dicht gefüllte, leuchtend rosa Blüten, die einen üppigen Duft verbreiten. Sie blühen öfter und lange in kleinen Büscheln auf. Die Rose ist absolut robust.

### Moschusrose (*Rosa moschata*-Hybride) 'Ballerina'

Diese reich und lange blühende und absolut gesunde Rose ähnelt einer Wildrose. Ihre ungefüllten Blüten entwickelt sie am Ende der Triebe. Im Aufblühen sind sie kräftig rosa mit einer weißen Mitte. Im Verblühen färben sich die Blüten

Ballerina

hellrosa. Die Rose blüht bis in den Herbst hinein und bringt anschließend rote, erbsengroße Hagebutten hervor. Die 'Ballerina' wächst buschig und erreicht eine Wuchshöhe von 1,5 Meter.

### 'Sternenflor' und 'Rosa Sternenflor'

1989 brachte die Rosenschule Schultheis eine wunderbare Bodendeckerrose heraus, Sie wird mit 30 bis 40 Zentimeter Höhe angegeben, doch ihre Triebe breiten sich weitaus länger am Boden aus. Die sternförmigen weißen Blüten locken mit ihrem Duft Bienen und andere Insekten an und gelegentlich bildet die Rose auch kleine Hagebutten. Sie ist für unseren naturnahen Reihenhausgarten hervorragend geeignet.
Die etwas größere Schwester von 'Sternenflor' heißt 'Rosa Sternenflor'. Wie der Name sagt, bringt sie rosa Blüten hervor, die in Form und Farbe Apfelblüten ähneln.
Bei Schultheis ist ihre Höhe mit 60 Zentimetern angegeben. In unserem Vorgarten haben wir sie zum Rambler umfunktioniert, indem wir die Triebe am Stamm des Feuerahorns empor geleitet haben. Dort haben sie eine Länge von gut zwei Metern erreicht.

Beide 'Sternenflor' blühen den ganzen Sommer hindurch und duften stark. Sie sind absolut gesund und winterhart.

### Erst Apothekerrose, dann Rose de Resht

Die Apothekerrose *(Rosa gallica var. officinalis)* ist die älteste Rose, die Menschen in Kultur haben. Sie bringt halb gefüllte, anmutig rosarote, duftende Blüten hervor und ist einfach eine wundervolle Rose. Doch sie ist auch eine Wildrose, die nicht auf einer Unterlage veredelt wurde und Ausläufer treibt. Das kann von Vorteil sein, weil sie sich auf diese Weise leicht vermehren lässt. Man braucht nur einen dieser Ausläufer freizulegen, abzuschneiden und an anderer Stelle wieder zu pflanzen. Doch diese Ausläufer können auch sehr lästig werden. So wie auf unserem Staudenbeet. Aus diesem Grund ent-

Rosa Sternenflor

*Ballerina mit Glockenblume*

schlossen wir uns, diese Rose wieder herauszunehmen und an dieser Stelle eine neue Rose zu pflanzen. Auch hier verfuhr ich so, wie oben beschrieben. Ich tauschte die Erde gegen die aus dem Gewächshaus aus.
An Stelle der Apothekerrose pflanzte ich die 'Rose de Resht' eine alte Rose. Sie remontiert, bildet also immer wieder neue, karminrosa, duftende Blüten bis weit in den Oktober hinein. Wir pflanzten sie nahe an den Weg vom Steg zum Gewächshaus. Und wir können gar nicht anders als im Vorübergehen mal eine der duftenden Blüten an unsere Nasen zu führen und daran zu schnuppern.

## 'Jaques Cartier' und 'Ballerina'

Diese beiden Rosen wünschte sich Gisela zu beiden Seiten der Terrasse. Dort blühen und duften sie nun schon seit einigen Jahren und die 'Ballerina' erfreut uns darüber hinaus mit leuchtend roten Hagebutten.

Jaques Cartier ist eine öfter und lange leuchtend rosa gefüllt blühende Rose mit üppigem Duft. Sie ist absolut gesund und wird bis zu 1,5 Meter hoch.
Ballerina blüht lange bis weit in den Herbst hinein. Die ungefüllten, in Dolden stehenden Blüten sind rosa mit einer weißen Mitte. Ihnen folgen rote, erbsengroße Hagebutten. Auch diese bis zu 1,5 Meter hoch wachsende Rose ist absolut gesund.

## 'Sternenflor' in Rosa und Weiß

Mit Dieter Gaissmayer schlenderte ich einmal durch die Mutterpflanzenquartiere seiner Staudengärtnerei in Illertissen. Irgendwo waren Rosen von Schultheis eingeschlagen. Dieter hob eine kleine Rose auf und zeigte sie mir. Sie hatte kleine weiße sternförmige Blüten. Ihr Sortenname lautet passend zu ihren Blüten 'Sternenflor'. Dieter schwärmte von dieser kleinen Bodendeckerrose und machte sie mir so schmackhaft, dass ich ein Exemplar mitnahm. Ich wollte sie an den Fuß des Feuerahorns pflanzen und an dessen Stamm empor leiten. Doch als ich mich im Katalog von Schultheis über dieser Sorte genauer informierte, erfuhr ich, dass diese Rose nur bis 40 Zentimeter lange Triebe ausbildete. Doch ich lernte auch 'Sternenflor Rosa' kennen, die Schwester der weiß blühenden Sorte. Sie bildet etwas längere Triebe aus. Ich bestellte diese Sorte bei Schultheis und wir pflanzten sie an den Fuß des Feuerahorns im Vorgarten, dessen Stamm sie immerhin schon fast zwei Meter hoch bedeckt und im Sommer lange und üppig blüht.

### Gesundheit der Rosen

Hartnäckig hält sich das Vorurteil, Rosen seien so empfindlich, dass man sie nur mit einem massiven Einsatz von Pestiziden gesund erhalten kann. Traurig, wenn es so wäre! Dabei sind Rosen nicht mehr und nicht weniger anfällig für Krankheiten und Schädlinge als die meisten anderen Gartenpflanzen auch. Für einen naturnahen Garten bietet sich ein großes Sortiment von Wildrosen an, das weit über die Hundsrose hinausgeht. Sie sind größtenteils absolut gesund und viele von ihnen durchaus auch für einen kleinen Garten geeignet. Darüber hinaus gibt es ein riesiges Sortiment robuster Rosenzüchtungen. Bei der Auswahl von Rosen im Hinblick auf ihre Gesundheit kommt es vor allem auf zwei Dinge an:

- Der Standort: Er sollte geschützt und dennoch etwas luftig sein. Ein Platz vor der Südwand eines Hauses in einem Atrium wäre absolut ungeeignet. Der Boden sollte leicht lehmig und nährstoffreich sein mit einem pH-Wert von 6–6,5.
- Die Sorte: Das Rosensortiment umfasst Hunderte von Sorten. Da lohnt es sich, einmal in den Katalogen renommierter Rosenschulen zu blättern. Heute ist dies auch auf digitalem Weg möglich.

Kaufen Sie Rosen nicht in Supermärkten, Baumärkten etc. wo schlecht gepflegte Exemplare nebenbei und billig verhökert werden. Daran werden Sie meist wenig Freude haben. Es lohnt sich, für etwas mehr Geld Rosen in einer Rosenschule oder Markenbaumschule zu kaufen oder bestellen, wo man bei Bedarf auch von Fachleuten guten Rat erhält.

## Rosen richtig pflanzen und pflegen

Tauchen Sie die Rosen sofort nach der Lieferung mit ihren Wurzeln für etwa 2 Stunden in einen vollen Eimer Wasser. Anschließend werden die Triebe und die Wurzeln mit einer scharfen Schere auf 20 cm Länge gekürzt.
Eine empfehlenswerte Größe für das Pflanzloch ist 40x40x40 cm.
Zur Bodenlockerung kann etwa 30 % reifer Kompost in die ausgehobene und beim Pflanzen wieder ins Pflanzloch gefüllte Erde gemischt werden. Im Gegensatz zu manchen Rosenfachleuten halte ich Kompost bei Rosen nicht für schädlich, sondern sehe in ihm einen guten Ersatz für Torf, den wir im Hinblick auf den Schutz der Moore nicht mehr verwenden sollten. Vorausgesetzt ist ein gut verrotteter Gartenkompost, der in der Erde nicht weiter rottet.
Kompost wird niemals pur ins Pflanzloch geschüttet, sondern sorgfältig mit der ausgehobenen Erde, mit der man das Pflanzloch füllt, vermischt.
Die Rose wird so tief gepflanzt, dass ihre Veredlungsstelle drei Finger breit, also etwa 5 cm mit Erde bedeckt ist. Die Erde locker einfüllen und anschließend mit Wasser aus dem Schlauch oder der Gießkanne ohne Brause gründlich einschlämmen. Abschließend häufelt man die Erde etwa 15 cm hoch an.

## Düngung der Rosen

Biogärtner ernähren nicht in erster Linie die Pflanzen, sondern das Bodenleben. Die in der oberen Bodenschicht enthaltenen Mikroorganismen brauchen Nahrung, so wie alle Lebewesen, und zwar in organischer Form. Aus diesem Grund düngen Biogärtner organisch: mit Kompost oder gut abgelagertem Pferdemist oder einem organischen Handelsdünger pflanzlicher oder tierischer Herkunft. Außerdem geben sie als mineralische Komponente zur Bildung von Ton-Humus-Komplexen auch Urgesteinsmehl, in Landstrichen mit sandigem Boden Tonmineralpulver (z. B. Bentonit) hinzu. Durch deren Zufuhr wird die Bildung von Ton-Humus-Komplexen gefördert. Diese Bodenkrümel sind die wichtigsten Bausteine des Mutterbodens. Deshalb bin ich, im Gegensatz zu manchen Rosenfachleuten der Meinung, dass es durchaus sinnvoll ist, einen organischen Dünger so wie auch Kompost in die Erde des Pflanzlochs einzumischen. Es gibt spezielle organische Rosendünger, man kann aber auch Hornmehl verwenden. Diese fein gemahlene Variante der Hornspäne ist ein reiner Stickstoffdünger, der das Wachstum der Rosen am Anfang fördert. Wie bei allen organischen Düngern werden dabei die Nährstoffe von den Mikroorganismen in Abhängigkeit von Feuchtigkeit und Temperatur für die Pflanzen verfügbar gemacht, also in die Ton-Humus-Komplexe eingebaut. Da alle anderen Haupt- und Spurennährstoffe in nahezu allen Böden unseres Landes sowie im Kompost ohnehin in ausreichender Menge vorhanden sind, kommt es nur noch darauf an, sie den Pflanzen zu erschließen. Denn nicht selten sind sie im Boden zwar vorhanden, ihre Ionen jedoch an andere Stoffe gebunden. So kann es vor allem bei Rosen zu Chlorosen kommen, wenn Magnesium und Eisen zum Beispiel durch Kalk gebunden sind und den Rosen somit nicht zur Verfügung stehen. In diesem Fall kann Urgesteinsmehl, auch einfach Steinmehl genannt, Abhilfe schaffen. Dieser Bodenhilfsstoff löst durch Ionenaustausch Nährstoffblockaden auf und sorgt so für eine bessere Versorgung der Pflanzen aus den Nährstoffreserven des Bodens. Man sollte es mit Kompost und organischem Dünger in die Erde einmischen, die man ins Pflanzloch füllt.

Auch nach dem Pflanzen können Kompost, organische Dünger und Steinmehl in die Erde am Fuß der Rosen eingearbeitet werden. Nach unseren Erfahrungen ist eine regelmäßige Düngung der Rosen jedoch nicht erforderlich. Unsere Rosen sind dennoch gut gediehen.

## Rosen nicht nach Rosen pflanzen

Rosen ziehen nicht nur eine Menge Nährstoffe aus dem Boden, sie hinterlassen darin auch ihre Wurzelausscheidungen. Nimmt man eine Rose aus dem Boden heraus, so kann die nachfolgend an der selben Stelle gepflanzte Rose in diesem Bodenmilieu keine neuen Wurzeln bilden und somit auch keine Nährstoffe aufnehmen. Sie kümmert. Will man aber partout an derselben Stelle wieder eine Rose pflanzen, muss der Boden ausgetauscht werden. Mit einem Aushub von 60 x 60 x 60 cm kann der Austausch gelingen und die neue Rose gedeiht am alten Standort. In unserem Garten bietet sich die gute, humusreiche Erde aus dem Gewächshaus zum Austausch an. In anderen Gärten könnte man sie vielleicht einem Gemüsebeet entnehmen.

## Rosen durch Stecklinge vermehren

In den Rosenschulen werden die Rosensorten, die keine ausgesprochenen Wildarten sind, auf einer Unterlage veredelt (die wiederum eine Wildrose ist). Wer jedoch von einer lieb gewonnenen Rose ein zweiten Exemplar haben will, kann dieses auch durch Stecklinge heranziehen. Empfehlenswert ist es, mehrere Stecklinge zu schneiden, denn mit Ausfall muss immer gerechnet werden.

Der beste Zeitpunkt für das Schneiden von Stecklingen ist der Juni, wenn die jungen Triebspitzen bereits etwas verhärtet sind. Man schneidet etwa 10 cm lange Stecklinge mit zwei bis drei Blattpaaren. Das unterste Blattpaar wird entfernt. Dann steckt man die Stecklinge etwa 2–3 cm tief in einen Topf oder eine Schale, die mit einem Gemisch aus gut verrottetem Kompost und Sand (etwa 1:1) gefüllt ist. Gut angießen und mit einer durchsichtigen Plastiktüte abdecken. Hell aufstellen, aber nicht direkt der Sonne aussetzen. Bei gleichmäßiger Feuchtigkeit bilden die Stecklinge nach etwa 3–4 Wochen Wurzeln. Dann können sie einzeln in eine nahrhafte Erde, z. B. reifer Kompost, Gartenerde und Sand (1:1:1) getopft werden. Den Winter sollten sie an einem hellen, frostfreien aber kühlen Ort überdauern, bevor man die jungen Rosen im Frühjahr an ihrem Bestimmungsort im Garten aufpflanzen kann.

# Sommerblumen und Stauden

*Das Tränende Herz (Dicentra spectabilis) ist eine von Giselas Lieblingsstauden. Sie blüht von April bis Mai.*

Nachdem der Bau des Gewächshauses vollendet und die Staudenbeete mit Muttererde aufgefüllt waren, verteilte ich die vorübergehend eingeschlagenen Stauden auf den Hochbeeten. Doch sie füllten diese Beetflächen nicht aus. Deshalb säte ich vorübergehend eine Mischung einjähriger Sommerblumen darauf aus. Aus unserem Bühler Garten hatten wir ein paar Stauden mitgebracht: **Jacobsleiter** *(Polemonium caerulum)*, **Schlüsselblumen** *(Primula veris)*, **Taglilien** *(Hemerocalles fulva)*, **Glockenblumen** *(Campanula lactiflora)*, **Felberich** *(Lysimachia punctata)*, **Wieseniris** *(Iris sibirica)* und **Bartiris** *(Iris barbata)* und einige andere mehr. Einen **Diptam** *(Dictamnus albus)* brachte ich von irgendeiner Reise mit. Er bekam einen Platz an der höchsten Stelle der gewölbten Oberfläche des Beets.

*Schlüsselblumen (Primula veris)*

Zunächst einmal gingen die Samen der Sommerblumen auf, die ich auf den noch freien Stellen zwischen den Stauden ausgesät hatte. **Ringelblumen** *(Campanula)* und **Studentenblumen** *(Tagetes)* waren darunter. Und die *Tagetes* wurden noch nicht einmal von den Schnecken abgefressen, was wohl daran lag, dass die Erde frisch aufgeschüttet war. Eine Erfahrung, die ich schon früher an anderer Stelle gemacht hatte. Wo das Bodengefüge erst einmal aufgewühlt und durcheinander geworfen wurde, bleiben die Schnecken am Anfang fern. Erst im zweiten Jahr nach der

*Herbstanemone (Anemone japonica) mit Phlox paniculata).*

Neugestaltung rückten auch die Schnecken an. Besonders schön blühten die **Sommerazaleen** *(Clarkia grandiflora)*, deren Samen ich mal in einer Probepackung bekommen hatte. Auch der Mohnsamen ging auf und brachte kräftige Pflanzen und wunderbare Blüten hervor. Das 70 Zentimeter hohe Staudenbeet an der Rückseite des Gartens bekommt nur morgens ein paar Stunden lang Sonne.
Danach liegt es im Schatten des dahinter liegenden Hauses. Dort pflanzten wir **Herbstanemonen** (*Anemone hupehensis* 'Overtüre'), **Salomonssiegel** *(Polygonatum biflorum)*, **Waldmeister** *(Galium odoratum)*, **Eisenhut** *(Aconitum napellus)*. Später brachte ich eine **Staudenclematis** (*Clematis* Tubolosa-Hyride) mit dem Sortennamen 'Cassandra' auf das Beet, wo sie einen üppigen Wuchs entfaltete und uns von Juli bis September mit einem reichen leuchtend blauen Blütenschmuck und starkem süßen Duft verwöhnt. Auf dem vorderen und größeren Beet, das mehr Sonne genießt, wünschten wir uns eine gemischte Pflanzung von Stauden und Kräutern. Wir meinen: Kräuter sind nicht nur nützlich, sondern auch so schön, dass man sie sehr gut mit Stauden kombinieren kann. Wir schrieben alle bereits vorhandenen Stauden und Kräuter auf eine Liste sowie auch diejenigen, die wir noch dazukaufen wollten. Wenn man so an seine Staudenpflanzung herangeht, und dabei auch auf keinen seiner Staudenschätze verzichten will, auch nicht auf solche Exemplare, die nicht so besonders schön sind, an denen aber die eine oder andere Erinnerung hängt, dann kann man das System einer fachgerechten Planung von einer Staudenrabatte

*(weiter auf S. 86)*

*Salomonssiegel, unten Herbstfärbung*

## Aufbau einer Staudenrabatte

Während früher Stauden und Sommerblumen oft in Reih und Glied gepflanzt wurden, ordnet man die Stauden heute naturnah in Gruppen an. Dabei werden drei Gruppen nach ihrer Wuchshöhe und ihrem Habitus unterschieden:

1. Leitstauden: meist große dominante Stauden – in Gruppen von 1–3 Exemplaren.
2. Zugeordnete Stauden: meist mittelgroße Stauden – in Gruppen ab 5–7 Exemplaren rund um die Gruppen der Leitstauden angeordnet, Füllstauden: niedrige, oft bodendeckende Stauden, die den Platz zwischen den anderen Stauden ausfüllen.
3. Eine Sonderstellung nehmen sogenannte Solitärstauden ein, besonders hoch und üppig wachsende Stauden mit einem eindrucksvollen Habitus, die eine Einzelstellung verdient haben.

Stauden sollen über viele Jahre immer wieder aufs Neue austreiben und vor allem blühen. Deshalb brauchen sie einen sorgfältig vorbereiteten Boden. Dabei kommt es auf den Standort und die Wahl der Pflanzengesellschaft an. Nach Prof. Dr. Richard Hansen (1912–2001) von der Universität Freising-Weihenstephan dienen verschiedene Lebensbereiche als Orientierung für die Pflanzenauswahl: Gehölz, Gehölzrand, Freiflächen, Beet, Wasserrand, Wasser, Steinanlagen, Alpinum. In einem guten

Staudenkatalog, z. B. von der Staudengärtnerei Gaißmayer, sind diese Lebensbereiche dargestellt. Die Hinweise darauf finden sich in Form von Kürzeln und Symbolen in den Pflanzenbeschreibungen wieder.

Wünscht man sich eine natürliche Pflanzung ausschließlich mit Wildstauden, so empfiehlt es sich manchmal, den Boden eher abzumagern als mit Kompost und Dünger zu verbessern. Dies ist ein besonderes Thema. Reinhard Witt, promovierter Biologe, Buchautor und Gestalter von Naturgärten, empfiehlt dafür sogar einen Austausch des Mutterbodens gegen ein steriles, nährstoffarmes Substrat, um zu gewährleisten, dass diese Erde keinen Samen und keine Wurzelstücke von unerwünschten Wildkräutern enthält, die dann die zarteren Wildkräuter verdrängen würden. Aber das ist ein besonderes Thema.

Mir kam es auf eine möglichst große Vielfalt blühender Stauden an, die Bienen, Hummeln, Schmetterlinge und andere Insekten ernähren, ich wollte dabei aber ebenso einen naturnahen Charakter der Pflanzung erhalten. Ich verbesserte auch manche Pflanzlöcher mit Kompost. Wenn ich eine Kammer des Regenwurmwanderkastens leere, verteilt Gisela den gesiebten Kompost dünn auf den Staudenbeeten. So haben wir den Boden im Lauf der Jahre zunehmend verbessert. Die Stauden gedeihen prächtig.

Wer nachhaltig Freude an seinen Stauden haben will, kauft nicht im Bau- oder Supermarkt, wo Pflanzen als billige Ramschware nebenbei verhökert werden, sondern in zertifizierten Staudengärtnereien mit garantierten Qualitätsstandards.

Vor dem Kauf der Stauden ist es ratsam einen Plan der Fläche im Maßstab 1:10 anzufertigen, auf dem die Stauden gemäß ihrer Größe im ausgewachsenen Zustand eingezeichnet werden. Das erfordert einige Kenntnisse. Zumindest sollte man sich über den Wuchs und die Größen der Stauden informieren und einen Fachmann zu Rate ziehen.

Von wenigen Ausnahmen abgesehen, werden Stauden mit gut durchwachsenem Ballen im Container geliefert. Vor dem Pflanzen taucht man sie mit dem Container in eine Wanne Wasser, bis sich die Ballen vollgesogen haben. Anschließend lässt man sie abtropfen und legt sie nach dem eigenen Plan mit dem Container auf der Pflanzfläche aus. So erhält man einen ungefähren Eindruck, wie die Pflanzung einmal aussehen soll. Dann wird gepflanzt. Erst unmittelbar vor dem Pflanzen wird der Container entfernt. Wenn man den Wurzelballen etwas aufraut, bildet die Pflanze leichter junge Wurzeln und wächst somit besser an. Das Pflanzloch muss groß genug für den Wurzelballen sein. Man setzt die Staude so tief wie sie im Container gestanden hat, füllt das verbleibende Pflanzloch rundherum mit Erde und drückt die Staude von beiden Seiten mit beiden Händen einmal kräftig an. Anschließend wird jede Staude einzeln mit der Gießkanne oder dem Schlauch ohne Brause angegossen.

Hilfreich kann es bei der Bepflanzung einer größeren Rabatte sein, zunächst ein Quadratraster von einem Meter im Maßstab des Plans auf diesen Plan zu zeichnen und dieses Raster mit einem Rechenstiel maßstabsgerecht auf die vorbereitete Fläche zu übertragen. Das mag sehr technisch anmuten, bedeutet aber nicht, dass man nun immer nur eine bestimmte Anzahl Stauden in ein Quadrat setzt, es dient lediglich als gute Orientierungshilfe beim Auslegen und Pflanzen der Stauden.

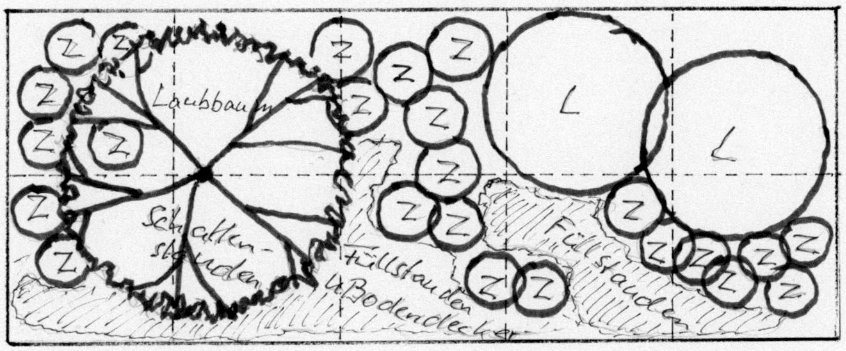


*Beispiel Staudenbeet; Z = Zugeordnete Stauden, L = Leitstauden*

Diptam (Dictamnus albus)

vergessen. Dann geht es nur noch darum, die Stauden nach diesen Kriterien zu pflanzen: Blüten zu jeder Jahreszeit, Abstimmung in Höhe und Wuchsfreudigkeit, Sonne und Schatten und Harmonie der Farben. Auf meinem Plan versuchte ich, alles miteinander zu kombinieren. An einer Ecke, die nahe am vorbeiführenden Weg liegt, pflanzten wir eine **Apothekerrose** (*Rosa gallica* 'Officinalis'). Wir hatten sie von einer Bekannten aus Offenburg bekommen. Jahre später tauschten wir sie gegen die 'Rose de Resht' aus. Unser ganzer Stolz unter den Stauden ist jedoch der **Diptam** *(Dictamnus albus)*, dem wir einen Ehrenplatz in der Mitte des Staudenbeets gegeben haben. Eine wunderschöne Staude, die aber leider auch stark von den Schnecken angegriffen wird. Vor allem ihr noch weicher Austrieb im Frühjahr ist stark gefährdet. Wir haben den Diptam mit einem kleinen Schneckenzaun umgeben. Der hält aber nur einen Teil der Schnecken fern. Gisela sammelt jeden Abend Schnecken aus dem ganzen Garten ab.
Im Übrigen blüht es auf diesem Beet vom zeitigen Frühjahr mit Zwiebelblumen wie Schneeglöckchen, Krokus und frühen Narzissen bis in den Herbst mit Raublattastern *(Aster novibelgii)* und Herbstfetthennen *(Sedum telephium)*.

## Stauden verjüngen

Horstbildende Stauden, wie zum Beispiel Herbstastern, müssen von Zeit zu Zeit ausgegraben, mit dem Spaten oder einem großen, scharfen Messer geteilt und neu gepflanzt werden. Andernfalls verfilzen sie, ihr Inneres blüht immer weniger, und an den Rändern ufern sie mit ihrer Wuchskraft aus.
Zur Vermehrung und zum Neupflanzen verwendet man immer die jungen Pflanzenteile vom Rand. Die alten verfilzten Teile in der Mitte können getrost auf dem Kompost entsorgt werden. Das gilt vor allem für **Schwertlilien** *(Iris barbata, I. germanica)*, die aus Rhizomen wachsen. Man gräbt die Rhizome nach der Blüte im Juni/Juli aus, schneidet die jungen Stücke an den Spitzen ab, glättet wenn nötig die Schnittstellen mit einem scharfen Messer und streicht sie zum Schutz vor Fäulnis mit Holzkohlenpuder ein. Diese jungen Abschnitte werden neu gepflanzt. Man schüttet dazu kleine Bodenwellen oder Hügel von 7–10 cm Höhe auf und setzt diese Rhizomstücke in kleinen Gruppen so hinein, dass sie nur dünn mit Erde bedeckt sind.
Bei vielen anderen Stauden ist die Vermehrung einfacher. Man legt einfach ein Stück von ihren Wurzeln frei, reißt einen Teil der Pflanze ab und setzt sie an anderer Stelle neu ein.

Clemtis-Tubulosa-Hybride 'Cassandra'

## Die Highlights der Stauden in unserem Garten

### Diptam *(Dictamnus albus)*

Der Diptam, auch „Brennender Busch“ genannt, soll der Sage nach der Strauch der Bibel gewesen sein, den Mose gesehen hat, als er vom Berg herabgestiegen ist. Tatsächlich strömt diese Staude sehr stark ätherische Öle aus, die sich bei südländischer Hitze auch entzünden können. Hierzulande müsste man wohl ein brennendes Feuerzeug daran halten. Da wir aber unseren Diptam erhalten wollen, möchte ich von diesem Experiment lieber absehen. Doch in der Bibel ist von einem brennenden *Dornbusch* die Rede, also einem Gehölz. Somit kommt der Diptam eigentlich nicht in Frage. Außerdem ist unser Diptam (*Dictamnus albus*) eine heimische Art, die wahrscheinlich gar nicht so viele ätherische Öle freisetzt, als dass sie sich entzünden könnte. Dennoch verströmt er den ganzen Sommer hindurch einen intensiven, aromatischen Duft, der unter anderem an Zimt erinnert.

Wer eine empfindliche Haut hat, sollte nur mit bedeckten Armen und behandschuhten Händen an ihm und in seiner Nähe arbeiten, denn seine Ausdünstungen können Hautreizungen verursachen. In der Natur gedeiht der Diptam an sonnigen bis halbschattigen Standorten an Waldrändern. Er ist eine geschützte Art. Leider sind die jungen Austriebe des Diptams bei den Schnecken sehr beliebt. Der Austrieb muss unbedingt geschützt werden. Sind die Triebe erst einmal verhärtet, können ihnen die Schnecken nichts anhaben. Mit seinen eindrucksvollen Blütenständen erreicht der Diptam eine Höhe von 80 bis 100 cm. Seine rosa Blüten öffnet er von Juni bis Juli. Und selbst wenn sie verblüht sind, machen sie mit ihren Samenständen und Kapseln noch eine gute Figur. Die Kapseln springen auf und schleudern den Samen rundherum auf den Boden. Wo der Standort zusagt, gehen die Samen auf und bringen junge Stauden hervor.

### 'Cassandra' (*Clematis tubolosa*-Hybr.)

**Waldreben** *(Clematis)* sind nicht nur Rankpflanzen, es gibt unter dieser Gattung auch eindrucksvolle Stauden. So die *Clematis tubolosa*-Hybride 'Cassandra'. Sie ist eine üppig wachsende Pflanze mit 80–100 cm langen Trieben, an denen sich von Anfang Juli bis in den Oktober hinein enzianblaue Blüten öffnen. Sie verbreiten meterweit ihren schweren, lieblichen Duft, dem man im Vorübergehen nicht entkommt. Die 'Cassandra' blüht in voller Sonne aber auch im Halbschatten auf einem locker humosem, leicht lehmigem Boden.

### Spornblume *(Centhranthus ruber)*

In Südengland besiedeln sie ganze Mauern, ganz gleich, ob es sich dabei um Trockenmauern oder festes Mauerwerk handelt. Die Spornblumen kommen mit geringen Mengen Erde, ja mit einer Handvoll Staub aus, um Wurzeln bilden und sich in dem Mauerwerk verankern zu können. Darüber hinaus brauchen sie volle Sonne, um ihre bis zu 60 Zentimeter langen, mit blaugrünen Blättern und locker doldigen Blütenständen entsprießen zu können. Die Blütezeit der in hellrot und weiß blühenden Staude dauert von Ende Mai bis in den September

Spornblume (Centranthus ruber)

Donnerwurz (*Sempervivum tectorum*)

Herbstanemone (*Anemone hupehensis* 'Overtüre')

Salomonssiegel (*Polygonatum biflorum*)

Flammenblume (*Phlox paniculata*)

hinein, wer die Blüten rechtzeitig abschneidet, unterbindet das Versamen und sorgt für eine längere Blüte. Andererseits lässt sich die Spornblume durch geduldete Selbstaussaat auch leicht verwildern und vermehren.

### Donnerwurz (*Sempervivum tectorum*)

Diesen volkstümlichen Namen erhielten diese dickfleischigen Stauden durch den Glauben unserer Vorfahren, dass sie den Blitz von den Häusern ableiten. So sind sie auch heute noch in ganz Europa auf manchen Dächern alter Bauernhäuser und Stallgebäude zu finden, weniger aus Glaubensgründen, wohl eher aus Tradition. Darum werden sie auch „Dachwurz" genannt. In ihren dickfleischigen Blättern speichern sie Wasser und Nährstoffe und können sich auch an trockenen Standorten lange über regenlose und heiße Perioden im Hochsommer hinweg retten. Im Juni und Juli bringen sie an etwa 20 Zentimeter langen Dolden sternförmige hellrote Blüten hervor.
Mit der Blüte stirbt auch die Blattrosette ab, doch an ihrer Stelle sind bereits mehrere junge Dachwurzen nachgewachsen. Diese Rosetten sind die eigentliche Zierde der Semperviven. Die Urform hat grüne Blätter mit braunen Spitzen. Doch es gibt zahlreiche weitere Arten und Sorten mit unterschiedlich gefärbten Rosetten von Hellgrün bis zu einem tiefen Rotbraun. Die Intensität der Farben ist auch vom Wetter sowie der Erde abhängig, in der sie wachsen. Besonders reizvoll sind auch die Rosetten der **Spinnweb-Hauswurzen** (*Sempervivum arachnoideum*) mit ihren spinnwebenartig gesponnenen Fäden über den Rosetten. Die Semperviven gedeihen in magerer, durchlässiger Erde. Nach unserer Erfahrung ist es gut, die Rosetten von Zeit zu Zeit zu teilen und neu zu pflanzen.

### Herbstanemone (*Anemone hupehensis*) 'Ouvertüre'

Als Herbstanemone blüht sie schon recht früh. Bereits im Juli bringt sie viele schalenförmige einfache Blüten hervor, die an der Oberseite zartrosa, unterseits violettrosa gefärbt sind. Die Blütezeit hält bis Mitte September an. Diese Anemone wächst sehr üppig bis zu 110 cm hoch. Sie bildet auch Ausläufer, die sich so üppig vermehrt haben, dass wir sie teilen und in unseren Kreativgarten pflanzen mussten.

### Japan-Herbstanemone (*Anemone-japonica-Hybr.*) 'Honorine Jaubert'

Diese Züchtung aus dem Jahr 1851 gilt als Klassiker unter den Herbstanemonen. Ihre reichlich erscheinenden, halbgefüllten weißen Blüten zeigt sie von August bis in den Oktober hinein. Die stattliche 90–110 cm hoch wachsende Staude ist absolut standfest und leuchtet mit dem Weiß ihrer Blüten vor allem an halbschattigen Stellen. Und sie wuchert nicht, eignet sich also auch für kleinere Staudenbeete.

### Salomonssiegel (*Polygonatum biflorum*)

Wer behauptet, im Schatten wachse ja nichts, dem kann ich nur das Salomonssiegel empfehlen. In frisch-humosem Boden gedeiht es auch im Schatten und bildet sogar

Balkan-Bärenklau (Acanthus hungaricus)

Lampionblume (Physalis alkekengi)

Ausläufer. Mit seinen überhängenden Blütenständen erreicht es eine Höhe von 80–150 cm und breitet sich mit Ausläufern aus. Mit ihren weißen Blüten hellt diese Staude von Mai bis Juni auch den tiefsten Schatten auf. Je zwei Blüten hängen an einem Blütenstiel. Bei genügend Bodenfeuchtigkeit gedeiht das Salomonssiegel auch an sonnigen Standorten.

### Flammenblume *(Phlox paniculata)*

„Ein Garten ohne Phlox ist ein Irrtum", sagte der berühmte Staudenzüchter Karl Foerster. Bekannter ist die Flammenblume unter ihrem botanischen Namen *Phlox*. Diese Gattung ist ungeheuer reich an Arten und Sorten. Die Farbpalette der Blüten reicht von reinem Weiß über Rosa, Rot, bis zu Violett und vielen anderen Farbtönen.
Hier sei nur der hohe Sommerphlox (*Phlox paniculata*) genannt, von dem wir zwei Sorten, nämlich eine weiß und eine rosa blühende im Garten haben, deren Namen wir aber nicht kennen. Sie gedeihen in voller Sonne und Halbschatten auf tiefgründigem, nährstoffreichem und gleichmäßig feuchtem Boden.

### Balkan-Bärenklau *(Acanthus hungaricus)*

Eine besonders dekorative Schmuckstaude ist der Balkan-Bärenklau, der auf tiefgründigen, nährstoffreichen Böden in vollsonniger wie auch halbschattiger Lage gedeiht. Mit seinen aufrechten Blütenständen wächst er bis zu 100 cm hoch. Die daran sitzenden weißlich-rosa Blüten öffnet er von Juli bis August und selbst danach sind seine Fruchtstände im Herbst und Winter noch dekorativ. Die Staude versamt sich, und mit etwas Glück gehen auch in seiner Umgebung ein paar Sämlinge auf.

### Lampionblume *(Physalis alkekengi)*

Die Zierde dieser Staude sind die leuchtend roten Lampions im Hochsommer und Herbst. Die Lampionblume gedeiht auf frischem, kalk-, humus- und nährstoffreichem Boden in der Sonne wie auch im Halbschatten, wo sie sich zunächst langsam entwickelt, dann aber mit ihren bis zu einem Meter langen Ausläufern auch wuchern kann.

### Funkien *(Hosta Hybriden)*

Eine ungeheuer große Vielfalt an Blütenfarben und grünweißen, grüngelben und violetten Blattzeichungen bringen die Hosta-Hybriden hervor. Doch auch ihre weißen und violetten Blüten brauchen sie nicht zu verstecken. Funkien gedeihen sowohl in der Sonne als auch im lichten Schatten; viele Sorten sind schneckenfest.

Funkien (Hosta-Hybriden)

*Gelber Lerchensporn (Corydalis lutea), Fingerhut (Digitalis purpurea), Wurmfarn (dryopteris filix-mas) und Lilie (Lilium martagon)*

## Ständiger Wandel auf den Beeten

Nichts blieb und bleibt wie es war. Und das gilt in der Natur wie auch im Garten. Auch in der Natur breiten sich manche Pflanzen stark aus und andere verschwinden. Manche Staude brachte ich von meinen Englandreisen mit, andere von der Illertisser Gartenlust in der Staudengärtnerei Gaißmayer. So wandelten sich die Staudenbeete in unserem Garten.

Anfangs spielten die Akeleien *(Aquilegia vulgaris),* deren Samen ich von *Marie-Luise Kreuter* bekommen hatte, eine wichtige Rolle. Doch seit wir außer dem Hausgarten auch noch unseren Kreativgarten auf dem Reitsbergerhof gestalten, wachsen diese Akeleien vor allem dort. Die **Herbstanemonen** *(Anemone hupehensis)* pflanzten wir als dominante Pflanzen auf das Beet an der Rückseite. Dort wuchs auch **Eisenhut** *(Aconitum napellus),* der jedoch nicht zuletzt von der **Staudenclematis** (*Clematis* Tubolosa-Hybride 'Cassandra') verdrängt wurde, deren leuchtend blaue Blüten von Juni bis Ende September nicht nur blühen, sondern auch einen betörenden Duft verbreiten.

Tapfer gehalten und sich sogar ausgebreitet hat sich das **Salomonssiegel** *(Polygonatum biflorum),* das mit **Waldmeister** *(Galium odoratum)* eine gute Partnerschaft eingegangen ist. Den **Farn,** der dort gewachsen ist, hat Gisela auf die gegenüberliegende Seite auf das schmale, von einer Trockenmauer eingefasste Beet gepflanzt, das den Regenwurm-Wanderkasten umgibt. Auf einem schmalen Streifen dahinter gedeihen kleinblättrige **Funkien** (*Hosta* 'Fragrant Bouquet') mit gelbgrünem Laub. Unter der Eberesche habe ich auf einem kleinen Beet zwei verschiedene Sorten **Funkien** (*Hosta sieboldiana* 'Blue Angel' und *Hosta* 'Fragrant Bouquet') gepflanzt, eine mit blaugrünem und die andere mit gelbgrünem Laub.

Auf dem großen, zur Mitte hin gelegenen Staudenbeet kamen nach und nach verschiedene Stauden hinzu, so die Dunkle Königskerze *(Verbascum nigrum),* deren Samen wir von einem im Naturschutz engagierten Gartenfreund bekamen. Außerdem brachte Gisela von einem Besuch in ihrer Heimat, dem Siegerland, Samen des wilden **Fingerhuts** *(Digitalis purpurea)* mit, der dort an Waldrändern und auf Waldlichtungen wächst, und nun auch in unserem Garten.

*Akelei (Aquilegia vulgaris), Sterndolde (Astrantia major) und Bärlauchblüte in Hosta*

*Dunkle Königskerze (Verbascum nigrum), Glockenblume (Campanula persicifolia), Sibirische Wieseniris (Iris sibirica) und Weiße Königskerze (Verbascum nigrum 'Album')*

Als unser zweiter Sohn Karsten noch als Auszubildender im Garten- und Landschaftsbau arbeitete, brachte er uns eine **Ästige Graslilie** *(Anthericum ramosum)* mit, die zusammen mit anderen Wildpflanzen wie zum Beispiel der **Karthäusernelke** *(Dianthus carthusianorum)* auf dem großen Beet blüht.

Aus England brachte ich einen **Blausternbusch** *(Amsonia tabernaemontana)* mit, eine absolut schneckenfeste Staude, deren hellblauen sternförmigen Blüten sich bereits von April bis Juni öffnen. Eine andere nicht minder schöne Staude ist die **Sterndolde** *(Astrantia major)*, die von Juni bis August blüht.

Vor einigen Jahren bekamen wir einen **Bärenklau** *(Acanthus hungaricus)*, den Gisela in die Rabatte vor dem Zaun zum Nachbarn pflanzte. Dort wuchs die Staude zu einem prächtigen Exemplar mit einem eindrucksvollen Blattschmuck und nicht minder schönen Blütenkerzen mit weißlich rosa Blüten heran. In der halbschattigen Lage gedieh der Bärenklau prächtig und säte sich sogar aus. Zwei Exemplare pflanzte Gisela auf das Staudenhochbeet nicht weit von der Kompostbox.

Gisela wünschte sich schon immer **Lampionblumen** *(Physalis alkekengi)*, mit denen sie auch wunderbar dekorieren kann. Einige Jahre lang gelang es nicht, sie aus Samen heranzuziehen. Doch dann leuchteten die roten Lampions im Juli auf, die langen Triebe breiteten sich zwischen anderen Stauden aus. Seitdem erfreut uns die Lampionblume nun Jahr für Jahr. Vor ein paar Jahren besuchten wir mit unseren Nachbarn eine Bäuerin im Chiemgau. In ihrem Garten wuchsen unzählige **Phloxe** *(Phlox paniculata)* in verschiedenen Farben. Wir durften uns ein paar davon ausgraben. Sie waren durch regelmäßige Gaben von Pferde- und Rindermist kräftig gewachsen. Fast fürchtete ich schon, dass sie bei uns nicht ganz so gut gedeihen, weil sie vorher zu sehr verwöhnt wurden. Doch auch bei uns haben sie sich kräftig entwickelt und blühen jedes Jahr reichlich.

In die Fugen der Trockenmauern hatten wir zunächst das **Zimbelkraut** *(Cymbalaria muralis)* und außerdem den **Gelben Lerchensporn** *(Corydalis lutea)* gepflanzt.

Von einem Zimbelkraut, das in einer nahe gelegenen Trockenmauer wuchs, hatte ich einmal einen kleinen Trieb abgezwickt und in unsere Trockenmauer gesetzt. Das breitete

*Leberblümchen (Hepatica nobilis), Rispen Steinbrech (Saxifraga paniculata) und Polstergrockenblume (Campanula portenschlagiana)*

sich rasend schnell aus. Wir mussten es wieder drastisch reduzieren, weil es alles zu überwuchern drohte. Der Gelbe Lerchensporn erwies sich dagegen als guter „Lückenfüller" in der Trockenmauer, der vor allem auch im Schatten gut gedeiht und üppig blüht.
Die Klassiker für die Fugen von Trockenmauern sind natürlich Dach- oder **Hauswurzen** *(Sempervivum tectorum)*, wie immer man sie nennen mag. Sie sind genügsam und bilden unter günstigen Bedingungen immer wieder neue Tochterrosetten aus. Später pflanzten wir Polsterglockenblumen an die Oberkanten der Trockenmauern, die dann auch sogleich einen großen Teil der Fugen eroberten.

*Mohn (Papaver orientale)*

*Dunkle Königskerze (Verbascum nigrum)*

*Blausternbusch (Amsonia tabernaemontana)*

## Stauden in unserem Reihenhausgarten

| Staude | Blüte | Höhe (cm) | Standort | Bemerkungen |
|---|---|---|---|---|
| Akelei<br>*Aquilegia vulgaris* | V–VI<br>blau, rosa, weiß | 50–60 | so–hs | schneckenfest |
| Bärenklau<br>*Acanthus hungaricus* | VII–VIII<br>weißlich rosa | 60–100 | so–hs | schneckenfest |
| Bartiris<br>*Iris barbata* | V–VI<br>hellblau | 70 | so | muss im Abstand von 3–6 Jahren verjüngt werden |
| Blausternbusch<br>*Amsonia tabernaemontana* | VI–VII<br>hellblau | 80 | so–hs | attraktiv und schneckenfest |
| Blutweiderich<br>*Lythrum salicaria* | VII–IX<br>dunkelrosa | 100–120 | so–hs | Sumpfzone und feuchter Boden, Selbstaussaat |
| Buschwindröschen<br>*Anemone nemerosa* | II–IV<br>weiß | 15 | hs | Wildstaude |
| Dachwurz<br>*Sempervivum tectorum* | VI–VII<br>hellrot | 5–20 | so | Zierde sind die farbigen Rosetten |
| Diptam<br>*Dictamnus albus* | VI–VII<br>rosa | 80–100 | so | Austrieb ist schneckengefährdet |
| Duftveilchen<br>*Viola odorata* | III–VI<br>blau | 10–20 | so–hs | kühle, luftfeuchte Standorte |
| Felberich<br>*Lysimachia punctata* | VI–VIII<br>gelb | 60–100 | so–hs | wuchert |
| Felsennelke<br>*Petrorhargia saxifraga* | VI–VIII<br>blassrosa | 20 | So | gedeiht auch in Pflasterfugen |
| Flammenblume<br>*Phlox paniculata* | VI–VII weiß,<br>rosa, rot, pink | 80–100 | so–hs | viele Sorten |
| Frauenmantel<br>*Alchimilla mollis* | VI–VII<br>grünlich gelb | 30–50 | so | unverwüstlich, schneckenfest |
| Funkie<br>*Hosta*-Hybride | VII–VIII<br>violett | 35–40 | hs–s | verschiedene Sorten mit gelbgrüner, weißgrüner und violetter Blattfärbung |
| Gelber Lerchensporn<br>*Corydalis lutea* | V–X<br>gelb | 25 | so–hs | für Trockenmauern geeignet |
| Glockenblume<br>*Campanula persicifolia* | VII–VIII<br>braun, weiß | 60–80 | so | trockenwarme Standorte |
| Herbstanemone<br>*Anemone hupehenses* 'Overtüre' | VII–IX<br>violettrosa | 80–110 | so–hs | kräftiger, ausladender Wuchs |
| Herbstanemone<br>*Anemone-japonica-*<br>Hybr. 'Honorine Jaubert' | VII–IX<br>weiß | 90–110 | so–hs | blüht reich |
| Herbstfetthenne<br>*Sedum telephium* | IX–X<br>rosa | 50–60 | so | auch trockene Dolden sind attraktiv |
| Karthäusernelke<br>*Dianthus carthusianorum* | VI–IX<br>pupurrot | 30–50 | so | Trockenrasenart |

*Lenzrose (Helleborus-Hybride)*

*Bartblume (Caryopteris x cladonensis)*

| Staude | Blüte | Höhe (cm) | Standort | Bemerkungen |
|---|---|---|---|---|
| Küchenschelle<br>*Pulsatilla vulgaris* | III–IV<br>violett | 20 | so | versamt sich |
| Lampionblumen<br>*Physalis alkekengi*<br>var. Franchettii 'Gigantea' | VI<br>weiß | 80–100 | so | roter „Lampion“ im Herbst |
| Lenzrose<br>*Helleborus* Hybr. | II–V<br>rosa | 40–50 | so–hs | versamt sich |
| Lungenkraut<br>*Pulmonaria officinalis* | III–V<br>blauviolett | 20–25 | so–hs | geflecktes Laub |
| Pfingstrose<br>*Paeonia officinalis* | V–VI<br>rosarot | 80 | so | Sorte unbekannt |
| Polsterglockenblume<br>*Campanula poscharskyana* | VI–VII + IX<br>blau und weiß | 20 | so | sehr wüchsig, auch auf Trockenmauern. |
| Raublattaster<br>*Aster novibelgii* | VIII –X<br>rosa | 90–110 | so | wüchsig und standfest |
| Rispenhortensie<br>*Hydrangea paniculata* | VII–X<br>weiß | 150 | so–hs | gelbe Herbstfarbe der Blätter |
| Salomonssiegel<br>*Polygonatum biflorum* | V–VI<br>weiß | 80–150 | abs–s | verträgt Trockenheit, gelbe Herbstfärbung |
| Schlüsselblume<br>*Primula veris* | IV–V<br>gelb | 10–20 | hs | versamt sich |
| Sibirische Wieseniris<br>*Iris sibirica* | V–VI<br>blau | 80 | so | üppige Horste bildend |
| Sonnenröschen<br>*Helianthemum* Hybr. 'Wisley pink' | V–VII<br>rosa | 15–20 | so | auch gelb und orange blühende Sorten |
| Staudenclematis<br>*Clematis-tubulosa*-Hybr.<br>'Cassandra' | VII–IX<br>enzianblau | 80–100 | so–hs | intensiver Duft |

| Staude | Blüte | Höhe (cm) | Standort | Bemerkungen |
|---|---|---|---|---|
| Staudenwicke<br>*Lathyrus latifolia* | VI–VII<br>rosa | 150 _200 | so–hs | Rankpflanze |
| Steinbrech<br>*Saxifraga cotyledon* | VVI–VII<br>weiß | 10–30 | so | für Alpinum, Steingarten u. Trockenmauern |
| Storchschnabel<br>*Geranium pratense* | VI–VII<br>blau | 30–40 | so | Schneckenfest |
| Sumpfdotterblume<br>*Caltha palustris* | IV–V<br>goldgelb | 20–30 | so–hs | für Flachwasser und feuchten Teichrand |
| Taglilie<br>*Hemerocallis fulva* | VI–VII<br>orangerot | 80 | so–hs | Horste bildend |
| Tränendes Herz<br>*Dicentra spectabilis* | V–VI<br>rosa mit weiß | 60–80 | so–hs | Bauerngartenstaude |
| Waldmeister<br>*Galium ororatum* | V<br>weiß | 20 | hs–s | Cumarinduft |
| Wiesenschaumkraut<br>*Cardamine pratensis* | IV–V<br>zartrosa | 30–50 | so–hs | Wildblume |
| Niedrige Fetthenne<br>*Sedum cauticola* | VI–VIII<br>rosarot | 15–20 | so | Rotes Laub |
| Wurmfarn<br>*Dryopteris affinis* | Keine Blüte | 50–100 | so–hs | anpassungsfähig |
| Großer Filigranfarn<br>*Polistichum setiferum* | Keine Blüte | 40–50 | hs | sehr dekorativ |
| Frühlingsalpenveilchen<br>*Cyclamen coum* | II–III | 5–10 | so–hs | wächst in unserer Trockenmauer |

*Steinbrech (Saxifraga)*

*Frühlingsalpenveilchen (Cyclamen coum)*

## Rund um den Teich

Bereits in unserem Bühler Garten hatte ich eine **Wieseniris** *(Iris sibirica)* an den Teichrand gepflanzt. Doch die kam nie zum Blühen. Sie wuchs zwar kräftig und bildete Knospen aus, doch dann raspelte eine Schnecke den Blütenstiel dicht unter der Knospe durch, die Knospe knickte ab und war dahin. Von dieser Iris nahm ich zwei kleine Ableger mit und pflanzte sie wieder ans Ufer unseres neuen Teichs. Fortan wurde die Iris nie wieder von Schnecken beschädigt. Sie breitete sich an der Rückseite des Teiches aus und blüht Jahr für Jahr reich in kräftigem Blau. Davon habe ich wiederum ein paar Ableger in den Kreativgarten genommen, wo sie, von Schnecken verschont, große Bestände gebildet haben.

Die **Schlüsselblumen** *(Primula veris)* stammen ebenfalls noch aus unserem Bühler Garten. Ihnen gesellten wir **Buschwindröschen** *(Anemone nemerosa)* und

*Blutweiderich (Lythrum salicaria)*

**Wiesenschaumkraut** *(Cardamine pratensis)* hinzu, und direkt am Teichrand wachsen **Sumpfdotterblumen** *(Caltha palustris)*. Sie alle bilden ein lieblich blühendes Frühlings- und Frühsommer-Ensemble. Große Freude bereitet uns immer wieder der **Blutweiderich** *(Lythrum salicaria)*, von dem wir ein Exemplar in der Sumpfzone des Teichs gepflanzt hatten. Doch die Staude säte sich aus und nun haben wir mehrere davon, die im Hochsommer unermüdlich violett blühen.

*Sumpfdotterblume (Caltha palustris), Wiesenschaumkraut (Cardamine pratensis)*

## Zu beiden Seiten der Terrasse

Wenn wir auf unserer Terrasse sitzen, wächst zu unserer Linken die „Niederrother Mönchsrebe" an Drähten zum Balkon empor. Zu ihren Füßen hat sich eine Mischung verschiedener Stauden und Kräuter eingefunden, die wir teils geplant, zum Teil aber auch, weil wir nicht mehr wussten wohin damit, auf dieses kleine Beet gepflanzt haben.

Sehr lange, von Anfang Juni bis Ende August und sehr schön blüht dort eine **Staudenwicke** *(Lathyrus latifolius)*. Gisela hat sie an einem Stab empor gezogen. Und manchmal wächst sie darüber hinaus und umwickelt mit ihren Rankfäden den Maschendrahtzaun zum Nachbargrundstück. Auch einen der **Phloxe** *(Phlox paniculata)*, er blüht weiß, von der Bäuerin aus dem Chiemgau haben wir dorthin gepflanzt. Eine üppige **Pfingstrose** *(Paeonia paniculata)* entfaltet im Mai ihre rosa Blüten. Den Boden bedecken ein paar wilde **Storchschnabel** *(Geranium)*, die auch im Halbschatten den ganzen Sommer hindurch zarte rosa Blüten zeigen, sowie blaue **Glockenblumen** *(Campanula poscharskyana)*. Nicht zu vergessen ein üppiges **Jelängerjelieber** *(Lonicera caprifolium)*, das sich um einen Eisenstab geschlungen hat und mit seinen Trieben zum Maschendrahtzaun strebt.

In den Fugen zwischen den Pflastersteinen eines kurzen Weges, der die Terrasse mit dem Steg über den Teich verbindet, hat sich **Kümmelthymian** *(Thymus herbabarona)* ausgebreitet, der die Fugen inzwischen ganz ausfüllt.

*Pfirsichblättrige Glockenblume (Campanula persicifolia 'Grandiflora coerula')*

Einen Blickfang auf dem Beet rechts neben und vor der Terrasse bildet das Vogelfutterhäuschen mit begrüntem Dächlein der Firma *renatur*, das ich auf einem zwei Meter hohen Pfahl montiert habe. Daran rankt die Rose 'Lemon Rambler' empor, über die ich an anderer Stelle berichte. Rundherum haben wir **Lavendel** *(Lavandula angustifolia)*, **Katzenminze** *(Nepeta x faassenii)*, **Bergbohnenkraut** *(Satureja montana)*, **Zitronenmelisse** *(Melissa officinalis)*, **Salbei** *(Salvia officinalis)* und **Gamander** *(Teucrium chamaedris)* gepflanzt. Im Oktober erfreuen wir uns außerdem an der **Myrthenaster** *(Aster ericoides)* mit ihren unzähligen kleinen weißen Blüten. Hinzu kam eine **Lichtnelke** *(Lychnis coronaria)*, die uns ein Naturgartenfreund aus Österreich neben ein paar anderen Wildpflanzen mitbrachte. Und am Übergang zum Pflasterweg gedeiht eine **Felsennelke** *(Petrorhagia saxifraga)*, die mit ihrem rasenartigen Wuchs eigentlich die Fugen zwischen den Pflastersteinen besiedeln sollte, was sie aber leider nicht tut. Aber dort wächst ja auch schon der **Zitronenthymian** *(Thymus citriodorus)*.

## Am Zaun entlang

An der rechten Seite erstreckt sich eine schmale Rabatte von unserem kleinen Kräutergarten bis zum Gewächshaus. **Frauenmantel** *(Alchemilla mollis)* säumt den Rand des Wassergrabens. Außerdem wachsen dort in lockerer Reihenfolge eine **Herbstaster** *(Aster novibelgii)*, ein rosa blühender **Phlox** *(Phlox paniculata)*, ein **Bärenklau** *(Acanthus hungaricus)*, eine **Herbstfetthenne** *(Sedum telephium)*, und auf einem schmalen Beet vor dem Gewächshaus eine weiße **Herbstanemone** (*Anemone x japonica* 'Honorine Jaubert').

Im Lauf der Jahre hat sich auf all diesen Beeten einiges verändert. Manche Stauden wie die **Herbstanemone** *(Anemone hupehensis)* breitet sich so stark aus, dass wir immer wieder einmal Teile davon herausnehmen müssen. Auch das

*Pfingstrose (Paeonia-Hybride)*

**Salomonssiegel** *(Polygonatum biflorum)* musste ich schon reduzieren. Es würde mir Leid tun, die herausgenommenen Pflanzen und Pflanzenteile wegzuwerfen. Zum Glück haben wir ja noch den Kreativgarten, wo zumindest an den halbschattigen Rückseiten des Erdwalls noch Platz ist.

*Stauden-Wicke (Lathyrus latifolius)*

# Kräuter

Unter Kräutern verstehen wir ein- oder mehrjährige Pflanzen, die wir zum Würzen von Speisen, zum Zubereiten von Tees sowie für kosmetische oder heilende Zwecke verwenden. Je nach Art finden die Blätter, die Blüten oder die Wurzeln des jeweiligen Krauts Verwendung. Während die ein- und zweijährigen Kräuter krautartig wachsen, verholzen die Triebe der meisten mehrjährigen Kräuter. Es handelt sich dabei um kleine Gehölze. Das trifft vor allem auf die mediterranen Kräuter zu, von denen wir einige in unserem Garten gepflanzt haben. Gemeinsam ist dieser Gruppe, dass sie einen vollsonnigen Platz und einen durchlässigen, eher kargen Boden benötigen. Das entspricht auch ihrem natürlichen Standort im Mittelmeerraum. Die mediterranen Kräuter gedeihen zwar auch auf jedem mehr oder weniger nährstoffreichen Boden, doch je karger der Boden, desto mehr Spurenelemente und ätherische Öle lagern sie ein. So sind sie gehaltvoller und würziger. Vor allem sollte der Boden durchlässig sein und schnell abtrocknen. Unsere mediterranen Kräuter haben wir direkt vor der Terrasse, am Fuß des Pfahls mit dem Norweger-Vogelhäuschen angesiedelt. Dort genießen sie den größten Teil des Tages volle Sonne. Die Minzen sind zwar ebenfalls mehrjährige und immergrüne Pflanzen, doch sie gedeihen auch gut im Halbschatten. Im Gegensatz zu den mediterranen Kräutern sollte ihr Boden frischfeucht und etwas nährstoffreicher sein. Nachdem mein Versuch mit dem Kräuter-Wassergraben erfolglos war, hat Gisela dessen Folie entfernt und den Graben mit unserer eigenen Komposterde aufgefüllt. Dort hinein pflanzte sie verschiedene Minzen, die sie aus Stecklingen herangezogen hatte. Minzen treiben leicht Ausläufer. Sie können regelrecht wuchern. Wenn man mehrere Sorten nebeneinander pflanzt, wird geraten, sie in Kunststoffkübel zu pflanzen, deren Boden man vorher herausgeschnitten hat und diese Kübel bis zum Rand in den Boden einzusenken. So sind den Ausläufern Grenzen gesetzt. Gisela hat diesen Rat nicht befolgt und alle ihre herangezogenen Minzen

*Lavendel, Salbei Bergbohnenkraut und Co. haben wir direkt vor unserer Terrasse angesiedelt.*

Bergbohnenkraut (Satureja montana)

Heiligenkraut (Santolina rosmarinifolia)

ohne Abgrenzung nebeneinander gepflanzt. Gewuchert sind sie jedoch bisher kaum.

Die Pflege unserer Kräuter beschränkt sich auf ein Minimum. Sie müssen lediglich von Zeit zu Zeit zurückgeschnitten werden. Das geht größtenteils mit der Ernte ihrer Blüten und Blätter einher. Mit der zweizinkigen Rosengabel lockern wir gelegentlich den Boden zwischen ihnen. Über Unkraut müssen wir kaum klagen.

## Kräuter in unserem Reihenhausgarten

### Bergbohnenkraut *(Satureja montana)*

Das mehrjährige Bohnenkraut, auch Winter-Bohnenkraut genannt, ist ein kleiner, verholzender Strauch mit 20–40 cm Wuchshöhe. Der Standort sollte windgeschützt in voller Sonne liegen. Das Kraut blüht hellviolett von August bis September. Verwendung finden die Triebe mit den kleinen, spitzen Blättern. Die Pflanze ist immergrün. Man kann die Triebspitzen rund ums Jahr für die Küche ernten. Zum Trocknen schneidet man das Kraut kurz vor der Blüte so, dass an der Basis der Pflanze noch genügend Grün stehenbleibt. Wie das einjährige Bohnenkraut, wird auch das mehrjährige zum Würzen von Bohnengerichten, Kartoffeln und Eintopf verwendet. Das Bergbohnenkraut ist würziger als das einjährige Bohnenkraut. Auf den Magen soll es wohltuend beruhigend wirken. Von diesem Kraut gibt es noch weitere Sorten und Varianten wie das **Zitronige Bergbohnenkraut** (*Saturja montana var. citriodora*) mit weißlich rosa gefärbten Blüten und intensivem Zitronenduft sowie das **Kriechende Bergbohnenkraut** (*Saturja spicigera*), das weiß blüht, auch überhängend wächst und sich teppichartig ausbreitet.

### Heiligenkraut *(Santolina rosmarinifolia)*

Dieser kleine Halbstrauch mit seinem kugeligen 30 bis 50 cm hohem Wuchs blüht hellgelb von Juni bis August. Dieses wärmeliebende Kraut braucht im Frühjahr einen sonnigen, geschützten Platz. Das Aroma der Triebe erinnert an den Duft frischer Oliven. Nach der Blüte kürzt man das Kraut leicht ein, um ihm einen Formschnitt geben, im späten Frühjahr schneidet man das Kraut noch einmal kräftig zurück. In Lagen mit starken Frösten muss es mit Reisig oder Vlies geschützt werden.

### Lavendel *(Lavandula angustifolia)*

Lavendel ist ein Klassiker unter den mediterranen Kräutern, der in keinem Kräutergarten fehlen

Lavendel: Steckling stecken, mehrere Stecklinge.

sollte. Rund ums Jahr trägt der bis zu 70 cm hohe Halbstrauch seine lanzettlichen, aromatischen Blätter. Die blauvioletten, stark duftenden Blüten öffnen sich von Juni bis Juli und locken zahlreiche Bienen, Hummeln und Schmetterlinge an. Lavendel gedeiht in voller Sonne und ist im Übrigen absolut anspruchslos. Wichtig ist jedoch ein guter Wasserabzug im Boden. Zum Trocknen erntet man die Blütenstiele, sobald sich die ersten Blüten öffnen. Sie werden gebündelt und an einem schattigen aber luftig trockenen Ort aufgehängt. Einzelne Blüten und Blätter können jederzeit geerntet werden. Lavendelblüten als Tee aufgebrüht wirken beruhigend bei innerer Unruhe und helfen bei Kopfschmerzen. Lavendelöl löst Muskelverspannungen und ein Lavendelbad erfrischt. Darüber hinaus machen sich Lavendlblüten gut in Duftsträußen und vertreiben Motten und Fliegen.
Lavendel lässt sich leicht durch Stecklinge vermehren und als kleine Hecke, zum Beispiel um ein Kräuterbeet pflanzen.

### Melisse (*Melissa officinalis*)

Man nennt sie wegen des zitronigen Aromas der Blätter auch Zitronenmelisse. Im Gegensatz zu den mediterranen Kräutern, die einen kargen Boden lieben, gedeiht die Melisse in einem humusreichen, nahrhaften aber auch durchlässigen Boden. An einem sonnigen Platz entfaltet sie ihr Zitronenaroma am besten.

*(Zitronen-)Melisse (Melissa officinalis)*

Von Juni bis August erscheinen in den Blattachseln die kleinen weißlich rosa Blüten, die bei den Bienen sehr begehrt sind.
Frisch geerntet und als Tee aufgegossen oder in Soßen, Suppen, Salaten oder zu Fischgerichten verwendet, schmecken die Blätter am besten. Dennoch lohnt es sich, die Triebe kurz vor der Blüte zu ernten und für einen Tee im Winter zu trocknen. Dies lässt sich mit einem starken Rückschnitt verbinden, nach dem die Melisse dann wieder kräftig austreibt.

### Minzen (*Mentha*-Arten und -Sorten)

Das Sortiment der Minzen ist riesig. Äußerlich lassen sich viele Arten von anderen kaum unter-

**Kräuter in unserem Garten**

| Kraut | Blüte | Höhe (cm) | Verwendung |
|---|---|---|---|
| Bergbohnenkraut *Satureja montana* | VIII–IX hellviolett | 20–40 | Küche, Tee |
| Heiligenkraut *Santolina rosmarinifolia* | VI–VIII hellgelb | 30–50 | Duftsträuße |
| Lavendel *Lavandula angustifolia* | VI–VII blauviolett | 70–80 | Duftsträuße, Öl, Tee, Bäder, Heilzwecke |
| Melisse *Melissa officinalis* | VI–VIII weißlich rosa | 50–80 | Küche, Tee, Heilzwecke |
| Minzen *Mentha*-Arten | VI–VIII lila, lilarosa, je nach Art | 30–80, je nach Art | Küche, Tee, Heilzwecke |
| Salbei *Salvia officinalis* | VI–VII violettblau | 40–60 | Küche, Tee, Heilzwecke |
| Zitronenthymian *Thymus x citriodorus* | VI–VII rosa | 10–30, je nach Sorte | Küche, Tee, Heilzwecke |

Minze *(Mentha piperita)*

scheiden. Das wichtigste Unterscheidungsmerkmal ist ihr Aroma. Und das erkennt man nur durch Reiben an einem Blatt und ihrem Geruch. Wer ein Minzebeet anlegen und dabei die einzelnen Arten auseinander halten will, muss ihrem Drang, Ausläufer zu bilden, Einhalt gebieten. Andernfalls wachsen sie wild durcheinander, und man kann die einzelnen Arten und Sorten kaum noch unterscheiden. Eine billige Möglichkeit sind runde Mörteltröge, deren Boden man mit der Stichsäge herausschneidet. Man senkt sie bis zum Rand in die Erde ein und füllt sie mit einer nährstoffreichen Mischung aus lehmiger Erde und Kompost. Dort hinein pflanzt man je ein Minzkraut. Eine andere Möglichkeit, die Sorten auseinander zu halten, für große Gärten: Man verteilt die einzelnen Sorten an verschiedenen, weit von einander entfernten Standorten. Minzen gedeihen auch im Halbschatten, doch ihr Aroma entfalten sie am besten an sonnigen Standorten.

Der Boden sollte aber auch dort gleichmäßig feucht bleiben.
Für einen Tee oder als Würze für Fleisch- oder Fischgerichte können die Triebe und Blätter rund ums Jahr geerntet werden. Wer sie für die kalte Jahreszeit trocknen will, schneidet das Kraut kurz vor der Blüte im Juli ab und hängt es gebündelt auf. Der Rückschnitt lässt die Kräuter wieder kräftig austreiben.
Ein Tee aus Minzeblättern hilft bei Magen- und Darmbeschwerden sowie bei Übelkeit. In der Küche kann man sie zum Würzen von Soßen und Lammfleisch verwenden.

## Salbei *(Salvia officinalis)*

Auch der Salbei ist ein typisches mediterranes Kraut. Ein Kleingehölz mit 40 bis 60 cm Höhe, das im Alter knorrige Triebe ausbildet. Die Blätter sind länglich oval, graugrün. Von dieser Art gibt es viele verschiedene Sorten wie 'Purpurascens', deren junge Blätter purpurviolett gefärbt sind oder 'Crispa' mit gewellten Blättern oder 'Ieterina' mit gelbgrüner Panaschierung. Auch die Aromen unterscheiden sich voneinander. Wie alle mediterranen Salbeiarten gedeiht *Salvia officinalis* in voller Sonne auf durchlässigem Boden. Seine violettblauen Blüten öffnet er von Juni bis Juli. Sie locken zahlreiche Insekten an. Zur Ernte schneidet man die Triebe kurz vor der Blüte so ab, dass darunter noch grün belaubte Triebe stehen bleiben. Im Frühjahr empfiehlt sich ein kräftiger Rückschnitt, der aber ebenfalls im „grünen Bereich" bleiben sollte.
In der Küche passt Salbei in geringen Mengen zu Fleisch- und Fischgerichten, Suppen, Schinken

Salbei *(Salvia officinalis)*

und Käse. Ein mit Salbeiblättern aufgebrühter Tee hilft gegen Halsschmerzen und Entzündungen am Zahnfleisch.

## Zitronenthymian *(Thymus x citriodorus)*

Den kleinen polsterartig wachsenden Busch mit einer Wuchshöhe von maximal 30 cm sollte man im Frühjahr pflanzen und vor dem Winter zum Schutz vor Frost abdecken. Sorten mit panaschiertem Laub sind besonders empfindlich. Von diesem Thymian gibt es viele Sorten, die sich vor allem durch unterschiedlichen Zitronenduft und unterschiedlich intensives Zitronenaroma auszeichnen. Sie können als Tee oder auch zu Fisch oder Geflügel verwendet werden.

Zitronenthymian *(Thymus x citriodorus)*

# Frühlingsblumen aus Zwiebeln und Knollen

Von den Zwiebelblumen haben sich vor allem die Schneeglöckchen *(Galanthus nivalis)* auf allen Beeten ausgebreitet. Die ersten Blüten zeigen sie bei mildem, noch schneefreiem Wetter bereits Ende Dezember. Im Februar blühen die Krokusse auf, in unserem Garten vor allem *Crocus tommasinianus.* Ihnen folgen die kleinen, 30 Zentiimeter hohen Narzissen 'Tete a tete' sowie die weißen Dichternarzissen *(Narcissus poeticus var. recurvus).* Von zwei alten Tulpensorten, die geduftet haben, hatten wir uns ein paar Zwiebeln schicken lassen, deren Namen wir jedoch nicht mehr wissen. Sie blühten üppig mit großen Blüten, die eine cremeweiß mit rosa Zeichnung, die andere lachsfarben. Mit den Jahren wurden die Blüten immer kleiner und schließlich verschwanden diese Tulpen. Wir hätten sie rechtzeitig aufnehmen und neu pflanzen müssen.

Zwei andere Tulpen sind uns allerdings über viele Jahre, bis heute treu geblieben: die Sterntulpe *(Tulipa tarda)* mit ihren sternförmigen, weißgelben Blüten von April bis Mai sowie die Niedrige Tulpe (*Tulipa humilis* 'Lilliput') mit ihren zunächst eiförmigen, kardinalroten Blüten, die sich öffnen und dann ihre gelbe Mitte zeigen.

Aus England brachte ich einmal ein paar Zwiebeln der **Türkischen Wildtulpe** mit, auch **„Sprengers Tulpe"** genannt *(Tulipa sprengeri).* In England ist sie manchmal in naturnahen Blumenwiesen oder alpinen Pflanzungen zu bewundern. Ihre lilienartigen Blüten erscheinen als letzte aller Tulpen im Juni.

Eine Knollenblume habe ich in Erinnerung an meine Studienzeit in Osnabrück in unserem Garten angesiedelt. Der damalige Dozent für Staudenkunde machte mit unserem Semester eine kurze Exkursion auf den Freden, einen Höhenzug in der Nähe von Bad Iburg, südlich von Osnabrück.

Es war April und am Nordhang der Fredens erstreckte sich unter Buchen ein riesiger Teppich blühender Lerchensporne, und zwar des **Hohlen Lerchensporns** *(Corydalis cava)* sowie des **Gefingerten Lerchensporns** *(Corydalis solida).* Mich hat dieser Blütenteppich sehr beeindruckt, er ist mir im Gedächtnis geblieben, sodass ich vier Jahrzehnte später ein paar Knollen des Hohlen Lerchensporns kaufte und auf das große Staudenbeet gepflanzt habe. Der Samen dieser Wildpflanzen wird von Ameisen verbreitet. Sie haben ihn schon bis in den Nachbargarten zur linken Seite getragen, wo, nun ebenfalls der Hohle Lerchensporn blüht.

In einem großen Tontopf blüht Jahr für Jahr die Prärielilie *(Camassia leichtlinii)* prächtig blau. Gegen Ende Mai ist sie verblüht und zieht ihr Laub allmählich ein. Dann pflanzt Gisela eine Kapuzinerkresse in den Topf, während die Zwiebeln darunter ruhen. Im Winter kommt dieser Tontopf ins Gewächshaus. Natürlich haben wir die Zwiebeln der *Camassia* auch in unsere Staudenbeete und unseren Vorgarten gepflanzt, wo sie mit ihrem kräftigen Blau sehr schön zur Geltung kommen.

*Die türkische Wildtulpe (Tulipa sprengeri) blüht im Mai und Juni, wenn schon die ersten Rosen blühen.*

**Zwiebel- und Knollenblumen in unserem Garten**

| Pflanze | Blüte | Höhe (cm) | Standort | Pflanztiefe (cm) |
|---|---|---|---|---|
| Schneeglöckchen<br>*Galanthus nivalis* | II–III<br>weiß mit grün | 15 | abs–s | 5 |
| Winterling<br>*Eranthis hyemalis* | II–III<br>gelb | 5–10 | abs–hs | 5–7 |
| Elfenkrokus<br>*Crocus tommansinianus* | II–III<br>lila | 10 | so–hs | 6–8 |
| Buschwindröschen<br>*Anemone nemerosa* | III–IV<br>weiß | 15 | hs–s | 5–7 |
| Blaustern<br>*Scilla sibirica* | III–IV<br>blau | 10 | so–s | 5–8 |
| Armenische Traubenhyaztinthe<br>*Muscari armeniacum* | IV–V b<br>lauviolett | 15–20 | so–hs | 6–8 |
| Breitblättrige Traubenhyazinthe<br>*Muscari latifolium* | IV–V<br>dunkelblau, nach oben aufhellend | 20 | so–hs | 6–8 |
| Hundszahnlilie<br>*Erythronium*-Hybr. 'Pagoda' | IV–V<br>schwefelgelb | 20–30 | abs–hs | 6–10 |
| Märzenbecher<br>(Frühlingsknotenblume)<br>*Leucojum vernum* | II–III<br>weiß | 20–30 | so–hs | 10–20 |
| Hohler Lerchensporn<br>*Corydalis cava* | III–IV<br>rosarot, weiß, violett | 25 | abs–hs | 10–20 |
| Gefingerter Lerchensporn<br>*Corydalis solida* | III–IV<br>gedecktes Rot | 14 | abs–hs | 10–20 |
| Schachbrettblume<br>*Frittillaria meleagris* | IV–V<br>elfenbeinweiß, rosapurpur | 30 | so–hs | 8–10 |
| Gefleckter Aronstab<br>*Arum maculatum* | IV–V<br>grünlich (anschl. rote Beeren) | 15 | so–hs | 5–15 |
| Dichternarzisse<br>*Narcissus poeticus var. recurvus* | V<br>weiß m. gelber Trompete | 30–35 | so–abs | 10 |
| Alpenveilchen-Narzisse<br>*Narzissus-Cyclaminaeus*-Hybr. 'Peeping Tom' | III–IV<br>goldgelb | 30–35 | so–hs | 10 |
| Niedrige Tulpe<br>*Tulipa humilis* 'Persian Perl' | IV<br>magentarosa mit gelber Basis | 15 | so | 5–8 |
| Sterntulpe<br>*Tulipa tarda* | IV–V<br>weiß mit gelber Mitte | 15 | so | 5–8 |
| Mehrblütige Tulpe<br>*Tulipa praestans* 'Füsilier' | IV<br>orangescharlach | 35 | so–abs | 8–10 |
| Türkische Wildtulpe<br>(Sprengers Tulpe)<br>*Tulipa sprengeri* | V–VI<br>rot | 30–50 | so–hs | 8–10 |

## Blumenzwiebeln und -knollen richtig pflanzen

Zunächst einmal sollten wir zwischen Zwiebeln und Knollen unterscheiden. Die Zwiebel wird von Botanikern als „gestauchter Spross“ bezeichnet, das heißt, die ganze Pflanze ist zusammengefaltet bereits in der Zwiebel enthalten, wenngleich noch im Miniformat. Sobald eine bestimmte Temperatur erreicht ist, beginnt der Spross aus der Zwiebel hervor zu treiben und Stängel und Blüte zu entfalten.

Bei der Knolle handelt es sich um ein Speicherorgan, so wie eine Kartoffel. Sobald ihre „Augen“ mit Erde in Berührung kommen, bildet die Knolle Wurzeln, während aus ihren oben liegenden Knospen Sprossen hervor wachsen, die schließlich Blätter bilden und blühen. Daraus folgt: Zwiebeln und Knollen werden unterschiedlich gepflanzt. Der Stängel einer Zwiebelblume braucht einen festen Stand. Deshalb setzt man sie doppelt so tief in die Erde wie die Zwiebel hoch ist, z. B. eine 5 cm hohe Tulpenzwiebel kommt 10 cm tief in die Erde. Bei einer Knollenblume kommt es darauf an, dass der gerade ausgetriebene Spross sobald wie möglich das Licht erreicht und grüne Blätter und Blüten bilden kann. Deshalb wird die Knolle nur dünn mit Erde bedeckt. Beim Pflanzen kommt es darauf an, dass die Zwiebel und auch die Knolle satt auf dem Boden des Pflanzlochs aufliegt, so dass sich darunter kein Hohlraum befindet. Dann würden die Wurzeln keinen Anschluss an den Boden finden und die Zwiebel oder Knolle nicht wachsen, sondern verkümmern oder gar faulen. Ein Pflanzholz, wie man es für Gemüsesetzlinge verwendet, ist also das falsche Werkzeug. Besser ist eine Pflanzschaufel, deren Blatt nicht zugespitzt ist, am besten eignet sich aber ein Zwiebelpflanzer. Mit ihm stanzt man ein zylinderförmiges Stück Erde aus dem Boden, legt die Zwiebel ins Pflanzloch und bedeckt die Zwiebel mit der ausgestanzten Erde. Manche dieser Geräte haben an der Seite sogar eine Zentimeterskala, an der man die richtige Pflanztiefe ablesen kann.

Es empfiehlt sich, Blumenzwiebeln und -knollen immer in kleinen Gruppen oder Tuffs zu pflanzen. Kleine Blumenzwiebeln und -knollen breiten sich von dort aus willig aus, entweder durch Vermehrung ihrer Zwiebeln oder sogar durch

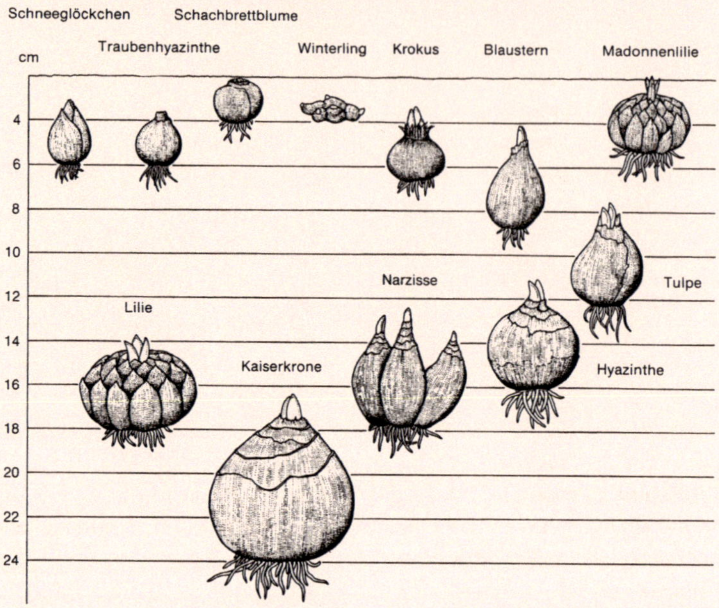


*Je größer die Zwiebel oder Knolle, desto tiefer wird sie gepflanzt.*

*Kartoffelknolle und Zwiebel im Schnitt. Dazwischen Krokus-Zwiebelknolle.*

Aussaat. Große Blumenzwiebeln wie Tulpen und Narzissen bilden ebenfalls Tochterzwiebeln, doch die daraus hervorgehenden Stängel, Blätter und Blüten nehmen der Mutterzwiebel Kraft. Sie wird von Jahr zu Jahr kleiner, bis sie überhaupt nicht mehr blüht. Die mühsamste aber beste Methode, ihre Blüte in der ihr eigenen Größe zu erhalten, besteht darin, die abgeblühten Tulpen und Narzissen nach der Blüte auszugraben, zu teilen, bis zum Herbst in einer Kiste mit erdfeuchtem Sand oder in einem dauerschattigen Einschlag aufzubewahren und die kräftigsten Zwiebeln in eine mit reichlich Kompost und Hornspänen versorgte Erde neu zu pflanzen. Kritiker werden mir entgegenhalten, dass sich die Hornspäne aufgrund der verringerten Aktivität der Mikroorganismen ja gar nicht zersetzen und damit auch ihre Nährstoffe nicht freigeben. Doch das ist über den Winter ja auch nicht erwünscht. Sobald sich die Erde aber im Frühjahr erwärmt, werden auch die Nährstoffe frei und die Zwiebeln profitieren davon. Ich sehe in dieser Methode eine Möglichkeit, den Mineraldüngern aus dem Weg zu gehen. Wichtig bei allen großen Zwiebelblumen: Sobald die Blüte zu welken beginnt, wird sie entfernt. Stängel und Blätter bleiben dagegen bestehen. Sie ziehen ein und geben ihre Nährstoffe an die Zwiebel zurück. Bei kleinen Zwiebel- und Knollenblumen ist diese Maßnahme nicht erforderlich.

*Die Frühlingsknotenblume (Leucojum vernum) blüht zuverlässig jedes Frühjahr.*

## Ein paar unserer Lieblings-Zwiebelblumen

### Breitblättrige Traubenhyazinthe *Muscari latifolium*

*20 cm IV – V so – hs*

Im Gegensatz zur ihrer verwandten Frühlingsblume, der **Armenischen Traubenhyazinthe** *(Muscari armeniacum)* mit ihrem grasartigen Blattern, hat die **Breitblättrige Traubenhyazinthe** *(Muscari latifilium)* ihrem Namen gemäß eine breitere Blattspreite. Allerdings wuchert sie nicht so stark wie ihre Schwester und zeigt sich in zierlicher Gestalt. Besonders reizvoll nimmt sich der etwas heller abgesetzte Schopf ihrer Blütenrispe aus, die uns im April und Mai erfreut. Traubenhyazinthen gedeihen sowohl in voller Sonne als auch im Halbschatten und sie vertragen trockene Plätze.

### Märzenbecher oder Frühlingsknotenblume *(Leucojum vernum)*

*20–30 cm, II – III weiß, so – hs*

Mitunter werden Märzenbecher mit Schneeglöckchen verwechselt. Der Märzenbecher wächst höher, etwa 30 cm. Seine Blüten weisen eine Glockenform auf. Die Blütenblätter sind mit grüngelben Spitzen verziert. Natürliche Standorte dieser Zwiebelblume sind Laubwälder und Auenwälder mit feuchtem Boden. So gedeiht die Frühlingsknotenblume auch im Garten auf humosem Boden, der nie austrocknen sollte. Damit die Zwiebel nicht vertrocknet, pflanzt man sie 15 bis 20 cm tief. Etwas Geduld sollten wir mit dem Märzenbecher haben, denn er blüht manchmal erst mit einem Jahr Verspätung, dann aber verlässlich jedes Jahr.

### Hohler Lerchensporn *(Corydalis cava)* und Gefingerter Lerchensporn *(C. solida)*

*15 cm, III–IV rosarot, violett, weiß, gedecktes Rot*

Die erste Hälfte seines Namens verdankt der Hohle Lerchensporn seiner Knolle, die innen hohl ist, den zweiten Teil seiner Blüte mit dem Blütenfortsatz, der an die Haube einer Lerche erinnert. Sein natürlicher Lebensraum sind lichte Laubwälder und Auwälder mit feuchtem Boden. Dort breitet er sich aus und

*Gefingerter Lerchensporn (Corydalis solida), Hohler Lerchensporn (C. cava) hinten.*

bildet zuweilen große Bestände, wie auf dem Freden, südlich von Osnabrück. Gemäß dem Naturstandort sollte der Hohle Lerchensporn auch im Garten an einen halbschattigen Platz mit feuchtem Boden gepflanzt werden. Für die Verbreitung des Samens sorgen Ameisen, denen das eiweißhaltige Anhängsel (Elaiosom) als Nahrung dient. An geeignetem Standort hat sich dann bald ein kleiner Teppich gebildet. Im Gegensatz zum **Hohlen Lerchensporn** *(Corydalis cava)* ist die Knolle des **Gefingerten Lerchensporns** *(Corydalis solida)* nicht hohl.

*Schachbrettblume (Frittillaria meleagris)*

### Schachbrettblume *(Frittilaria meleagris)*

*30 cm, weiß, rosa bis purpur, so–hs.*

Die auch „Kibitzei" genannte Schachbrettblume gehört zu den wenigen Zwiebelblumen, die am besten im feuchten Boden gedeihen und sogar zeitweise Überschwemmung vertragen. An ihr zusagenden Standorten vermehrt sie sich sogar von selber.

### Gefleckter Aronstab *(Arum maculatum)*

*15 cm, IV–V, Fruchtschmuck VII, hs–sch*

Diese Knollenstaude beeindruckt vor allem mit ihrem leuchtend roten Beerenschmuck, den sie im Juli trägt. Zunächst einmal treibt der Aronstab im März pfeilförmige grün gefleckte Blätter aus. Im April und Mai erscheint die Blüte in Form eines gelbgrünen, tütenförmig eingerollten Hüllblatts (Spata), das sich dann öffnet und den von ihm umgebenen Blütenkolben freigibt. Danach ziehen sich die Blätter ein, während sich aus den Blüten die zunächst grünen, dicht an dicht am Kolben sitzenden Beeren entwickeln, die sich dann im Juli leuchtend rot färben. Im Garten sollte der Aronstab einen schattigen Platz mit humosem Boden bekommen. Wo ihm dieser Standort zusagt, vermehrt er sich durch Samen.

### Dichternarzisse *(Narcissus poeticus var. Recurvus)*

*30–35 cm, V, weiß mit gelber Trompete*

Diese bezaubernde Wildart wird seit Jahrhunderten in Schweizer Bergwiesen gehegt. Sie gedeiht auf frischfeuchtem Boden an sonnigen bis absonnigen Standorten. Der Boden sollte auch im Sommer nie austrocknen. Bei ihr zusagendem Standort neigt sie auch zum Verwildern. Sie blüht im Mai später als die anderen Narzissen und verströmt einen betörenden Duft. Man sollte sie in Gruppen von zehn Zwiebeln pflanzen. Reizvoll ist eine Kombination mit der Prärielilie.

*Gefleckter Aronstab (Arum maculatum)*

*Prärielilie (Camassia leichtlinii)*

### Prärielilie *(Camassia leichtlinii)*

*80–110 cm, V–VI blau, weiß, rosa, so–hs*

Diese eindrucksvolle Zwiebelblume stammt aus Nordamerika. Wie der Name sagt, ist sie eine Wiesenpflanze. In England trifft man sie verwildert auch in naturnah angelegten Wiesen am Rand der Schlossgärten an. Neben den hierzulande vor allem blau blühenden Sorten findet man auf der britischen Insel auch weiß und rosa blühende Camassien. Im Mai treiben sie ihre langen Blütenstiele aus, an denen sich bald die in einer Traube stehenden, sternförmigen Blüten öffnen. Die Prärielilie gedeiht in Sonne wie im Halbschatten auf frischfeuchtem Boden. Sie ist äußerst robust und bereitet über viele Jahre Freude.

### Sterntulpe *(Tulipa tarda)*

*14 cm, IV–V weiß mit gelber Mitte, so*

Diese kleine Tulpe ist unverwüstlich. Selbst unter ungünstigen Bedingungen leuchtet sie noch mit ihren kleinen Blütensternen. Voraussetzung ist ein vollsonniger Standort und ein durchlässiger, nicht zu nährstoffreicher Boden. Die Sterntulpe trägt dann drei bis acht Blüten an einem Stiel. Bei bedecktem Himmel sind die bräunlich bis purpurfarbenen nickenden Knospen geschlossen. Sobald die Sonne scheint, entfalten sie sich aber zu den leuchtenden Blütensternen. *Tulipa tarda* ist auch ideal zur Bepflanzung von Blumenkübeln und Balkonkästen. Diese Wildtulpe breitet sich auch durch Versamen aus.

### Mehrblütige Tulpe (*Tulipa praestans* 'Füsilier')

*35 cm, IV orangerot, so–abs*

Diese Tulpe ist ein farblicher Knaller! Mit dem kräftigen Rot ihrer Blüten, die zu dritt an einem Stiel sitzen, zieht sie schon von weitem die Blicke auf sich. Sie ist äußerst robust, und gedeiht am besten auf durchlässigem Boden in sonniger bis absonniger Lage. Sie eignet sich gut für Steingärten oder Steppenpflanzungen, auch in Kombination mit anderen Zwiebelblumen wie zum Beispiel Traubenhyazinthen.

### Türkische Wildtulpe *(Tulipa sprengeri)*

*30–40 cm, VI scharlachrot, so*

Man nennt sie auch „Sprengers Tulpe“. Sie blüht als letzte aller Tulpen von Ende Mai bis in den Juni hinein. An grazilen bis zu 40 cm langen Stängeln öffnen sich kräftig rote lilienförmige Blüten. Diese Wildtulpe braucht einen lockeren nicht zu nährstoffreichen Boden und gedeiht in voller Sonne. Sie sät sich an ihr zusagenden Standorten auch selber aus. Man findet sie oft in englischen Gärten, wo sie in naturnahen Blumenwiesen oder Steingärten verwildert. Hierzulande sind die Zwiebeln schwer zu bekommen, doch ihr Samen ist über das Internet erhältlich. Allerdings ist die Aussaat eher etwas für Fachleute. Der Samen muss stratifiziert werden.

*Sterntulpe (Tulipa tarda) und Breitblättrige Traubenhyazinthe (Muscari latifolium)*

# Unser Vorgarten

Unsere Vorgartenfläche ohne den Eingangsweg ist nur 2 x 2 Meter groß. Sie liegt zwischen zwei Müllboxen, könnte man sagen, wenn auf der linken Seite nicht noch der mit Betonsteinen gepflasterte Eingangsweg zu unserem Haus vorbeiführen würde. Als wir einzogen, stand in der Mitte dieser 2 x 2 Meter großen Fläche ein Feuerahorn *(Acer ginnala)* als Strauch mit fünf Trieben. Er war erst etwa 1,50 Meter hoch. Rundherum hatte der vom Bauträger beauftragte Gärtner Kirschlorbeer *(Prunus laurocerasus)* gepflanzt. Ich war ziemlich fassungslos über diese unsinnige Gestaltung. Abgesehen vom Kirschlorbeer, den ich alles andere als attraktiv finde: Hätte ich den Feuerahorn so wachsen lassen wie er war, hätte er in wenigen Jahren das dahinter liegende Küchenfenster verdunkelt. Am liebsten hätte ich diese ganze blödsinnige Pflanzung herausgenommen und einen Hausbaum und Stauden nach meinem Geschmack eingesetzt. Doch noch waren wir ja Mieter. Dennoch entsorgte ich den Kirschlorbeer, ich verschenkte ihn. Den Feuerahorn begann ich zu einem Baum zu formen, indem ich alle Triebe bis auf den kräftigsten in der Mitte abschnitt. Auch spätere Austriebe schnitt ich sofort ab, bis nur noch der relativ gerade Mitteltrieb stehen blieb. Ich ließ ihn wachsen und zog ihn allmählich zu einem Baum heran. Sein Stamm ist zwar nicht ganz gerade gewachsen, doch er hat im Lauf der Jahre eine ansehnliche Krone entwickelt, die

sich im Frühjahr mit grünroten Blüten und im Herbst mit feurig rotem Laub schmückt.
Unser Reihenhaus hat ein Vordach, das unter anderem von einer weiß gestrichenen Säule aus Stahl gestützt wird. Zu Füßen dieser Säule pflanzte ich eine Alpen-Waldrebe *(Clematis alpina)*. Für die befestigte ich zwei Drähte am Kopf der Säule und deren untere Enden mit Heringen im Boden. An diesen Drähten konnte ich die Clematis empor leiten, und als deren Triebe begannen, darüber hinaus zu wachsen, spannte ich an dem darüber liegenden Querbalken noch einen Draht nach links und rechts, an dem diese Waldrebe nun entlang wächst. Sie blüht jedes Jahr zuverlässig zu meinem Geburtstag Mitte April. Von Zeit zu Zeit schneiden wir sie dann kräftig zurück. Andererseits freuen wir uns aber auch über die silbrigen Samenstände dieser *Clematis* im Herbst und Winter. Nachdem ich die Kirschlorbeersträucher entfernt hatte, hob ich diese kleine Fläche aus dem „Loch“ zwischen den Müllboxen ein wenig hervor. Ich setzte teils aus Ziegelsteinen, teils aus Nagelfluhbrocken eine kleine Trockenmauer, die ich an der Rückseite sogar ein Stück über die Kante des überdachten Podests vor unserem Haus hinaus hob.
Ich füllte die Fläche innerhalb der neuen Trockenmauer mit kompostreicher Erde auf. Leider wurde die Clematis immer schwächer, trieb nicht mehr so stark aus und blühte nicht mehr so reich.
Deshalb entschieden wir uns, eine neue Clematis zu pflanzen. Wir fanden in einer Clematisgärtnerei eine *Clematis viticalla* 'Alba Luxurians'. Wie der Name „Alba“ verrät, blüht sie weiß. Ich weiß nicht, ob für Clematis dasselbe gilt wie für Rosen – dass man sie nicht direkt nach der vorigen Clematis pflanzen sollte. Vorsichtshalber tauschte ich einen Eimer der Erde im Vorgarten gegen einen Eimer voll Erde aus dem Gewächshaus aus. Clematis braucht zum ausdauernden Gedeihen einen immer beschatteten Fuß. Gisela pflanzte einen ihrer selbst gezogenen *Lonicera nitida* davor. Doch was konnten wir sonst noch pflanzen? Ich erinnerte mich an den Frühling in den Auwäldern im Oberrheintal. Dort blühten bereits Anfang Mai die Schlüsselblumen, Buschwindröschen und Veilchen. Diese Pflanzen wuchsen auch in unserem Bühler Garten. Ich hatte einen Teil davon mitgebracht, den ich nun in den Vorgarten pflanzen konnte. Der erhielt nun einen Auwaldcharakter.
Viele Jahre hat er uns erfreut. Doch dann litten die Pflanzen in den heißen Sommern. Und die Fläche trocknete viel zu schnell aus. Die Wurzeln des Feuerahorns hatten sich stark ausgebreitet und sogen alle Feuchtigkeit aus der Erde heraus.

*Der Vorgarten im Frühling wie er früher war (rechts). Herbstlicher Vorgarten mit Herbstsedum.*

*Farbfeuer der mehrblütigen Tulpe. Die Rose 'Sternenflor' am Ahornstamm. Hinten rechts blüht die Prärielilie.*

So entschlossen wir uns, diesen Vorgarten noch einmal neu zu gestalten. Das Problem, das ich bei der Planung sah: Diese kleine Vorgartenfläche liegt vor der Ostseite des Hauses und genießt volle Morgensonne. Ab Mittag und am Nachmittag liegt aber die Hälfte im Schatten. Und der Boden würde auch weiterhin schnell austrocknen. Wie stelle ich unter diesen Bedingungen auf dieser kleinen Fläche die aufeinander abgestimmte Pflanzengesellschaft zusammen?

Ich machte einen Versuch, auf dieser kleinen Fläche beiden Ansprüchen gerecht zu werden. Im mehr schattigen Bereich pflanzte ich zwei Exemplare des Großen Filigranfarns *(Polistichum setiferum)* und gelbbunte kleine Funkien *(Hosta 'Fragrant bouquet')*. In der Nähe des Ahornstamms siedelte ich drei Bergenien *(Bergenia cordifolia)* an.

An die Sonnenseite des Stamms setzte ich die Bodendeckerrose 'Sternenflor rosa'. Deren inzwischen über zwei Meter langen Triebe leiteten wir am Stamm des Ahorns hinauf. Außerdem pflanzten wir eine Gruppe Herbstfetthenne *(Sedum telephium)* und das rosa blühende Sonnenröschen (*Helianthemum* 'Wisley Pink'), das sich ausgebreitet hat und den ganzen Sommer hindurch blüht.

Leider haben sich die Bergenien *(Bergenia cordifolia)* nicht sehr gut entwickelt. In den Fugen und am Kopf der Trockenmauern haben sich Dachwurzen *(Sempervivum tectorum)* ausgebreitet. Mit der Neupflanzung im Herbst setzten wir auch eine Menge Zwiebelblumen in den Vorgarten, so die rote mehrblütige Tulpe *Tulipa praestans* 'Füsilier' sowie Elfenkrokusse *(Crocus tommasinianus)* und andere.

So ganz zufrieden waren wir mit dieser Pflanzung noch nicht. In der Mitte gibt es ein „Loch", in dem kaum etwas wuchs. Wir sannen darüber nach, wie wir es standortgerecht und passend zu den anderen Stauden ausfüllen konnten. Doch nach ein paar weiteren Jahren ist uns klar, dass es aufgrund der starken Wurzelwachstums des Ahorns sehr schwer ist, an dieser Stelle einen dauerhaft befriedigenden Staudenflor zu etablieren.

# Tiere in unserem Garten

Die Amseln sind besonders stark vertreten. Manchmal nisten sie in unserem Vogelfutterhäuschen im Norwegerstil. Ein anderes Mal hatten sie sich ausgerechnet das Winterjasmin-Spalier neben unserer Treppe zur Gewächshaustür zum Nestbau auserkoren. Wenn wir zum Gewächshaus hinabstiegen, griffen sie uns sogar an, attackierten unsere Hinterköpfe und pickten auf uns ein. Wir mussten sie heftig abwehren. Ein anderes Mal nisteten sie in der Weide unserer Weidenlaube. Da ließen sie sich nicht von uns stören. Während wir dort zu Mittag aßen oder Kaffee tranken, flogen sie ein und aus, um ihren zwitschernden Nachwuchs im Nest zu füttern. Meisen, vor allem Kohlmeisen und Blaumeisen, sind immer da. Ebenso ein Rotkehlchen. Außerdem kommt öfter ein Kleiber, der sich am Futter, das Gisela in einer Kokosschale deponiert hat, gütlich tut. Einmal sahen wir ein Zaunkönigpärchen durch den Garten fliegen und in der Eibe unseres Nachbarn verschwinden. Zum Glück gibt es in unserer Umgebung noch einige hohe Bäume. Dort leben und nisten Buntspechte.

Gelegentlich setzt sich einer von ihnen auf die Fernsehantenne auf unserem Dach. Dort wetzt er seinen Schnabel. Das hört sich an wie ein Maschinengewehrfeuer. Der ganze Dachstuhl dröhnt davon.

Im vergangenen Jahr konnten wir beobachten, wie die Spechte im Kirschbaum unseres Nachbarn zur Linken ihre Höhle bauten und anschließend ihre Jungen darin großzogen bis die flügge und eines Tages auf und davon waren. Eichelhäher fliegen öfter über den Garten hinweg, von einem großen Baum in der Nachbarschaft zu einem anderen. Einmal konnten wir gleich drei Exemplare auf einmal beobachten.

*Eine Amsel mit Jungen im Nest*

## Eichhörnchen

Sie mopsen die Nüsse vom Walnussbaum des Nachbarn zur rechten und tragen sie eilends in einen anderen Nachbargarten, in dem es noch hohe Bäume gibt, wo sie die Nüsse irgendwo verstecken und Wintervorräte anlegen. Ein kleines Eichhörnchen kam einmal sehr zutraulich zu uns auf die Terrasse. Wir konnten es füttern. Doch nach ein paar Tagen kam es nicht mehr. Wir hofften, dass ihm nichts zugestoßen war. Doch im Jahr darauf kamen gleich zwei Eichhörnchen zu Besuch, die an unserem Wein emporkletterten, sich auf der Balkonpergola tummelten und einmal sogar durch ein offenen Fenster ins Zimmer sprangen, wo sie Gisela gleich wieder verscheuchte. Irgendwo unter

*Weinbergschnecken sind immer da.*

*Tagpfauenaufen auf Asternblüten*

*Eichhörnchen auf der Balkonpergola*

*Eine Königslibelle auf meinem Finger (oben links), Heidelibellen bei der Paarung (unten links), Erdkrötenpaar auf dem Weg zum Teich (oben rechts) und Bergmolche auf dem Weg zum Wasser.*

dem Dach in der Isolierung haben sie wohl ihren Kobel gebaut und ein Junges zur Welt gebracht. Doch leider hat es nicht überlebt. Gisela bemerkte einmal, dass durch die Ritzen neben der Dachbodenluke immer Fliegen hervorkamen. Dieser Dachboden ist so klein, dass wir nur in der Mitte darin aufrecht stehen können. Er wird von uns nie genutzt. Doch nun musste ich dem Fliegenbefall auf den Grund gehen. Mit einer Montageleuchte an einem langen Kabel leuchtete ich von Innen die Hohlräume ab, die zum Teil mit Dämmmaterialien gefüllt sind. Und tatsächlich: Zu meinem Bedauern fand ich ein totes Eichhörnchenbaby.

## Libellen, Kröten und Molche

Mit dem Teich waren auch sofort die Libellen da. Plattbauchlibellen, Azurjungfern und Heidelibellen stellten sich oft auf einmal ein. Die Große Königslibelle fliegt manchmal durch die offene Terrassentür in unser Wohnzimmer, macht dort ihre Runde und findet auch wieder hinaus.

Bald stellten sich auch die ersten Amphibien ein. Am Anfang nur Erdkröten. Doch bald darauf entdeckten wir auch Bergmolche im klaren Wasser, in manchen Jahren waren es sechs. Zur Paarung tragen die Weibchen der Erdkröten ihr Männchen Huckepack auf dem Rücken zum Laichgewässer. Das konnten wir an einem Sonntag einmal aus nächster Nähe miterleben. Da kam so ein Krötenpärchen, das Männchen auf dem Rücken seines Weibchens, vom Nachbargarten her auf unsere Terrasse. Es war sonnig und schon ziemlich warm. Vermutlich suchte das Weibchen Schatten, denn es kroch mit dem Männchen auf dem Rücken ganz dicht an der Hauswand entlang. Die ist mit einer Holzverschalung verkleidet, unter deren Kante sich das Pärchen entlang drückte. Dann kam es an das Blech, das die Schwelle zu unserer Terrassentür abdeckt. Dieses Blech ist an der Vorderkante nach unten abgewinkelt und ziemlich scharfkantig. Aber genau unter dieses Blech kroch das Krötenpärchen. Wir hatten die Sorge, dass es sich verletzt. Vorsichtig bog ich das Blech so weit wie möglich nach oben, während Gisela die beiden mit einem Stock mit sanfter Gewalt darunter hervorbugsierte. Dann konnte ich sie mit den Händen aufnehmen – das Männchen hielt sich weiterhin am Rücken des Weibchens fest – und auf einen Stein nahe dem Wasser setzen. Ich holte schnell die Kamera und konnte die beiden gerade noch fotografieren und – schwupp! – waren sie auch schon im Wasser.

Später entdeckten wir auch einmal einen Grasfrosch in unserem Teich. Nicht alle dieser Amphibien bleiben bei uns. Am beständigsten sind die Bergmolche. Einmal im Wasser bleiben sie bis Anfang Juli. Dann verlassen sie es und suchen sich ein Quartier an Land. Auch die Erdkröten kommen immer wieder.

Auch nach unserer Teichsanierung mit neuer Folie stellte sich schon am nächsten Tag ein dicker, kräftiger Grasfrosch ein. Er hat seinen Stammplatz im flachen Wasser unter einem größeren, vorstehenden Kieselstein gefunden. Dort kann er stundenlang ausharren. Ein paar Tage später gesellte sich ein kleinerer Frosch hinzu. Auch einen Bergmolch haben wir wieder gesichtet.

Einen Unterschlupf im Winter finden unsere Amphibien auf jeden Fall in unseren Trockenmauern, in denen ich beim Bau einige extra breite Fugen nicht bepflanzt, sondern freigelassen habe.

*Das Vogelhäuschen im Norwegerstil.*

## Feuchtbiotop Teich

Damit ein Teich auch wirklich zum Biotop für Insekten und Amphibien wird, sind nur ein paar sehr wichtige Regeln zu beachten.

1. Als Angebot für Tiere sollten der Teich und seine Umgebung möglichst abwechslungsreich gestaltet sein. Stark bewachsene sollten mit kargen Bereichen abwechseln und die Vegetation eine möglichst große Vielfalt aufweisen.
2. Pestizide aller Art sind für den Teich und seine Umgebung tabu.
3. Amphibien (und andere Tiere) müssen den Teich mühelos verlassen können, sonst wird er für sie zur Todesfalle. Aus diesem Grund werden die Randzonen des Teichs so ausgeformt, dass ein nahtloser Übergang ans Ufer entsteht.
4. Frösche und Kröten laichen im flachen Wasser ab. Deshalb sollte die Flachwasserzone von 10–30 cm Tiefe großzügig ausgestaltet sein.
5. Frösche, Kröten und Molche überwintern an Land. Höhlen in Trockenmauern, Steinhaufen, Holzstapel oder Herbstlaub bieten ihnen einen geeigneten Unterschlupf.

# Pflanzen in Töpfen und Kübeln

Unsere älteste Kübelpflanze ist der Lorbeerbaum *(Laurus nobilis)*. Wir haben ihn seit 1983. Damals befand sich die Redaktion von *Mein schöner Garten,* der ich als Redakteur angehörte, in einem herunter gekommenen Sechzigerjahrehaus im Gewerbegebiet am Rand von Offenburg.
Im Winter 1983 zog das Redaktionsteam dort aus, hinüber ins etwa einen Kilometer entfernte Burda-Hochhaus, das manche das zweite Wahrzeichen von Offenburg nennen. Ich hatte alle meine Utensilien vom Schreibtisch und aus den Schubladen und Regalen in Umzugskartons gepackt und diese Kartons beschriftet. Die Möbelpacker räumten ein Zimmer nach dem anderen aus, und ich hatte Feierabend. Vom Treppenhaus aus fiel mein Blick durch eine Glastür auf einen kleinen Balkon, auf dem ein halb erfrorener, halb vertrockneter Lorbeerbaum stand.
„Will keiner den Lorbeerbaum hier vom Balkon mitnehmen?", rief ich ins Treppenhaus hinein. „Nö!", tönte es aus mehreren Zimmern. Also schnappte ich ihn mir, lud ihn ins Auto und nahm ihn mit nach Hause. Dort stellte ich ihn erst einmal mit dem Topf in eine Schüssel mit lauwarmem Wasser. Einen guten frostfreien Platz für den Winter fand ich vor einer nach draußen führenden, verglasten Kellertür unseres Drei-Parteien-Mietshauses, die niemand benutzte. Am darauffolgenden Wochenende mischte ich Maulwurfserde von einer nahe gelegenen Wiese mit reifem Kompost, Kokosfaser, Sand und einer ordentlichen Prise Hornspäne, schnitt sowohl die Wurzeln als auch die Triebe kräftig zurück und pflanzte den Lorbeer neu in den Topf.
Zunächst einmal war noch Winter. Es passierte nichts. Doch sobald es im Frühling wärmer wurde, trieben die ersten grünen Spitzen hervor, aus denen sich bald frische Blätter entwickelten. Im Mai stellte ich den Lorbeerbaum *(Laurus nobilis)* auf unseren elf Meter langen Balkon, wo er in den darauffolgenden Wochen kräftig zulegte.
Diesen Lorbeerbaum haben wir noch immer. Mal war er kräftig, mal hatte er einige Blätter verloren. Mal schnitten wir ihn stark zurück, damit er neue Triebe bildet und wieder buschiger wird. Und alle drei bis vier Jahre bekommt er frische Erde. Dazu entferne ich den großen Tontopf, in dem er steht, lege den Baum mit dem Wurzelballen auf dem Pflaster unserer Terrasse auf die Seite und steche mit dem Spaten rundherum einen gehörigen Teil des Wurzelwerks ab. Dann kommt der Lorbeer wieder zurück in seinen Topf und rundherum eine von mir frisch gemischte Erde aus Gartenerde, Kompost und Sand zu gleichen Teilen sowie

*Unser „Ur-Lorbeer" verjüngt. Manchmal blüht er. Lorbeerstämmchen, von Gisela gezogen.*

Hornspänen und Urgesteinsmehl fürs Wachstum.
Würde ich den Wurzelballen nicht so drastisch reduzieren, dann würde es für die Wurzeln zu eng. Sie fänden keine Nahrung mehr, die Pflanze würde verkümmern. Um es soweit nicht kommen zu lassen, müsste ich den Lorbeerbaum jedes Mal in einen größeren Topf pflanzen. Dann wäre er für uns irgendwann nicht mehr zu transportieren. Unser Lorbeer dankt uns die gute Pflege mit gesundem Wachstum und einer gelegentlichen Blüte. Mittlerweile wird es für uns, mittlerweile 70 und 76 Jahre alt, immer beschwerlicher, den Lorbeerbaum zur Überwinterung die fünf Stufen hinab ins Erdgewächshaus und im Frühjahr wieder hinauf in den Garten zu tragen. Deshalb entschlossen wir uns, den immer brüchiger werdenden Tontopf gegen einen doppelwandigen Plastiktopf mit 40 Zentimeter Durchmesser auszutauschen. Der ist wesentlich leichter, und mit ihm lässt sich der Lorbeerbaum auch leichter transportieren. Über die Treppe legen wir ein Brett als „schiefe Ebene“ über die Stufen. Darauf können wir den Kübel mit dem Lorbeerbaum vorsichtig hinabrutschen lassen und im Frühjahr hinaufschieben.
Später zog Gisela zwei weitere Lorbeerbäume heran, aus Stecklingen, die sie von dem „Ur-Lorbeer“ geschnitten hatte. Aus einem der beiden hat sie ein Stämmchen mit einer Krone gezogen. Wir haben sie inzwischen ebenfalls in leichtere Plastikkübel gepflanzt, die sich übrigens farblich kaum von Tontöpfen unterscheiden. Lorbeerbäume können bis zu – 7 °C vertragen. Kurzfristig sogar noch tiefere

*Rosmarin (Rosmarinus officinalis)*

Temperaturen. Wir bringen die Pflanzen mit ihren Kübeln ins Gewächshaus, sobald sich die ersten Fröste angekündigt haben. Dort füttere ich sie mit den Töpfen bis zum Rand in die Erdbeete ein.

## Rosmarin *(Rosmarinus officinalis)*

Mit zwei Rosmarinpflanzen hatten wir kein Glück. Egal ob wir sie unter einem Dachfenster, im Vorflur des Hauses oder einem anderen Raum überwinterten, sie überlebten es nicht. Seit wir unser Erdgewächshaus haben, gedeihen unsere (inzwischen) drei Rosmarine *(Rosmarinus officinalis)* prächtig. Ich füttere sie wie die Lorbeerbäume ins Erdbeet des Gewächshauses ein. Rosmarin braucht im Winter vor allem Luftfeuchtigkeit. Die bekommt er im Gewächshaus. Im Frühjahr können wir die Pflanzen unversehrt wieder ins Freie stellen. Zunächst hatten wir nur einen Rosmarin. Doch Gisela hat Freude an der Vermehrung aus Stecklingen und hat zwei weitere herangezogen. Zwei davon haben

*Zitronenverbene (Lippia citriododa)*

wir in den Kreativgarten gepflanzt, wo sie unter einer doppelten Lage Vlies schadlos überwinterten.

## Zitronenverbenen *(Aloysia triphylla)*

Ich weiß gar nicht mehr, woher wir sie haben, die Zitronenverbene *(Aloysia triphylla)*. Ein Strauch mit dünnen, verholzenden Trieben und schmalen, weidenähnlichen Blättern. Doch diese Blätter haben es in sich: wenn wir an ihnen reiben, duften sie intensiv nach Zitrone. Ein hervorragendes Teekraut. Sowohl frisch geerntet als auch getrocknet, ist dieses Aroma einfach einzigartig und intensiver als das der Zitronenmelisse. Die Zitronenverbene ist nicht winterhart, sie gedeiht bei uns ebenfalls im Kübel. Auch von ihr hat Gisela Pflanzen aus Stecklingen gezogen. Die überwintern wir allerdings nicht im Gewächshaus, sondern im Lichtschacht des Hauses, den wir von oben mit einer Isomatte abdecken. Die Zitronenverbene verliert im Herbst ihre Blätter. Sie braucht im Winter kein Licht.

## Pflanzerde selber mischen

Früher waren die Mischungen von Pflanzerden für Topfpflanzen, Balkonkästen und Kübelpflanzen sowie von Aussaat- und Pikiererden ein streng gehütetes Geheimnis alter Gärtnermeister. Nur ausgewählte Mitarbeiter wurden darin eingeweiht. Später, etwa ab den 1960er-Jahren, wurde es den meisten Gärtnereichefs zu aufwendig und zu teuer, eigene Erden zu mischen. Es gab ja nun billig Torfkultursubstrate (TKS), TKS 1 für die Aussaaten sowie die Stecklingsvermehrung, TKS 2 für die Weiterkultur der größeren Pflanzen. Die wurden dann auch recht bald verkauft und die Gärtnerei war die Verantwortung für sie los. Bei den Kunden blühte und gedieh alles – aber nur solange wie der Nährstoffvorrat im Substrat hielt. Danach konnte man düngen soviel man wollte, so richtig schön entwickelten sich die meisten Pflanzen nicht mehr, zumal die (Plastik-)Töpfe meist auch zu klein gewählt wurden.

Heute wissen wir, dass die Moore, aus denen der Torf stammt, wichtige $CO_2$-Speicher sind, die zur Luftreinheit beitragen und der Erderwärmung entgegenwirken. Dennoch wird noch immer im gewerblichen Gartenbau Torf verwendet, wenn auch oft in reduzierter Form. Zweifellos hat Torf bei der Pflanzenkultur viele Vorteile: Er verringert das Gewicht der Erde, macht sie lockerer und kann das Siebenfache seines Volumens an Wasser speichern. Für die Erdenindustrie ist es leicht, ihre Substrate mit entsprechender Zufuhr von Nährstoffen für jede spezielle Pflanzenkultur aufzubereiten, denn Torf ist eine absolut tote Substanz, die keinerlei Nährstoffe enthält. (Die irreführende Bezeichnung „Düngetorf“ steht nur aus steuerlichen Gründen auf den Säcken). Die Kehrseite: Ist das Torfkultursubstrat im Topf einmal ausgetrocknet, nimmt es nur schwer wieder Wasser an. Meist bedeutet das dann auch den Tod der Pflanze.

Als Torfersatz gibt es heute Rinden-Kultur-Substrat (RKS), Substrate auf der Basis von Holzschliff sowie Kokosfaser als Torfersatzstoff. Nicht zu vergessen Kompost. Der wird aus den gesammelten Abfällen der Biotonnen sowie aus Gärten mit hohem Energieaufwand aufbereitet. Er ist zwar keimfrei, so wie auch die anderen Torfersatzstoffe, doch er enthält ein hohes Maß an Kalium, das sich nachteilig auf die Aufnahme von Spurenelementen auswirken kann.

Doch wir haben ja unseren eigenen Kompost und können demgemäß auch mit unseren eigenen Erdmischungen experimentieren. Gärtner, die ebenfalls noch eigene Erden herstellen, dämpfen ihren Kompost mit einem speziellen Erddämpfer. Dadurch werden schädliche Keime und Unkrautsamen abgetötet. Das Gleiche erreichen wir, indem wir die gesiebte Komposterde auf einem Backblech ausbreiten und im Backofen 20 Minuten lang auf 200 °C erhitzen. Diese Maßnahme soll der Bildung von Vermehrungspilzen bei Aussaaten, pikierten Pflanzen und Stecklingen vorbeugen. Doch auf dieses Sterilisieren verzichten wir schon lange. Der Kompost sollte nur aus Gartenabfällen sowie pflanzlichen Küchenabfällen bestehen und nach zwei bis drei Jahren gänzlich verrottet sein.

Für die Aussaaten vermische ich die Erde zur Hälfte mit Sand und füge eine Handvoll Urgesteinsmehl auf 10 l Erde hinzu. Zum Pikieren füge ich eine Prise Hornmehl dazu. Im Kreativgarten kompostiere ich außerdem auch das Herbstlaub von Ahorn und Obstbäumen gesondert. Es verrottet langsamer als andere Abfälle. Gänzlich verrottet, fühlt es sich wie Staub an. Zu einem Viertel oder Drittel der Kompost/Sand-Erde beigemischt, trägt diese Lauberde zur Lockerung dieses Substrats bei.

*Hortensie (Hydrangea macrophylla)*

## Hortensien

Hortensien *(Hydrangea macrophylla)* werden im Topf gern zu Muttertag verschenkt. Doch unsere Söhne sind längst aus dem Haus und wohnen woanders, und wenn sie Gisela etwas Gutes tun wollen, dann nicht in Form von Hortensien. Doch im Mai, etwas später als Muttertag, feiern wir unseren Hochzeitstag (während ich diese Zeilen schreibe, liegt bereits der 50. hinter uns). Und so ist es mein Part, ihr zum Hochzeitstag eine Hortensie zu schenken. Davon haben wir jetzt mehrere. Auspflanzen möchten wir sie lieber nicht, denn sie gedeihen eher im sauren Bodenmilieu. Zudem handelt es sich bei den blau blühenden Hortensien um ursprünglich rosa Sorten, deren blauer Farbstoff Anthocian durch eine Düngung mit Kalialaun in den Blüten hervortrat. In einem Boden mit unpassender Nährstoffzusammensetzung erscheinen dann Blüten mit verwaschenen Mischfarben. So lassen wir die Hortensien im Topf. Sie werden im Lichtschacht unseres Hauses überwintert. Allerdings sind sie im zweiten Jahr in ihre ursprüngliche rosa Blütenfarbe zurückgefallen.

## Fuchsien

Mit einer massiven Überproduktion von Fuchsien hatte ich als junger Gärtnergehilfe meinen damaligen Chef fast zur Verzweiflung getrieben. Mich reizten dabei nicht allein die Pflanzen, sondern auch die leichte Vermehrbarkeit durch Stecklinge. Man braucht einen Steckling nur versehentlich auf den Boden fallen zu lassen, und schon bildet er nach ein, zwei Tagen Wurzeln. Heute ist Gisela von einer Fuchsie begeistert: *Fuchsia magellanica*. Sie gilt zwar als winterharte Freilandfuchsie, doch Gisela traut der Winterhärte nicht so ganz, und deshalb kommt sie im Winter auch in den Lichtschacht. Da Fuchsien ohnehin im Winter ihr Laub verlieren, müssen sie auch nicht unbedingt im Licht stehen. Im Garten ausgepflanzt, würde sie vielleicht zwischen den vielen Stauden untergehen. Im Topf kommt sie besser zur Geltung.

## Duftblattpelargonien

An den „Duftgeranien", die man korrekterweise Duftblatt-Pelargonien nennt, hat Gisela ihre besondere Freude. Irgendwoher habe ich ihr mal eine mitgebracht. Und dann kamen immer mehr dazu, mit unterschiedlichen Duftnoten. Sie bekommen von Ende Mai bis Oktober einen Ehrenplatz auf der eisernen Etagere auf der Terrasse. Einige blühen sehr üppig, bei den anderen ziert mehr das Blatt, bei allen sind es die unterschiedlichen Düfte.
In unserem unbeheizten Erdgewächshaus würden sie in einer Nacht erfrieren, wenn dort die Temperatur unter Null sinkt. Wir tragen sie hinauf ins Dachstudio, wo sie ihren Platz auf einem langen Bord unter den großen Dachfenstern bekommen.

*Scharlachfuchsie (Fuchsia magellanica)*

*Dachwurz in großem Schneckenhaus, Duftblattpelargonien, verschiedene Semperviven auf der Terrasse (von oben nach unten).*

## ... und die viele Arbeit?

Die Anlage dieses Gartens hat zweifellos viel Arbeit bereitet. Wenn ich an das Ausschachten der Grube für das Erdgewächshaus, das mehrfache Umschaufeln der Erdmassen, den Transport der Nagelfluhsteine mit der Schubkarre von der Garage an den Häusern und Nachbargärten vorbei, durch die Gartenpforte am Ende unseres Gartens, und den Bau der Trockenmauern mit den „Hebern" denke, war es zweifellos Knochenarbeit. Doch danach wurde es immer weniger, die Stauden breiteten sich aus und bedeckten den Boden. Heute wächst kaum noch Unkraut in unserem Garten.

Die Pflege beschränkt sich im Wesentlichen auf den Schnitt der wenigen Gehölze, das ist mein Part, ebenso das Leeren einer Kammer des Regenwurmwanderkastens und das Sieben des Komposts. Außerdem mische ich die Erden für die Aussaaten zum Pikieren und Umpflanzen und ziehe die Gemüsesetzlinge für unseren Kreativgarten heran.

Gisela hat den Rückschnitt der Stauden übernommen. Angesichts der vielen Stauden ist das auch viel Arbeit. Doch sie schneidet ja nicht alle Stauden auf einmal. Diese Arbeit fällt hauptsächlich im Frühjahr an. Und Gisela pflegt und vermehrt die Pflanzen in Töpfen und Kübeln.

Wir können sagen: Der Garten ist pflegeleicht, zumal wir ja auch keinen Rasen haben, der regelmäßig gemäht werden müsste.

## Richtig umtopfen

Das Volumen der Blumentöpfe und Kübel und der darin befindlichen Erde ist begrenzt. Die Pflanzen können darin nur gedeihen, so lange die Wurzeln sich noch ausbreiten können und Nahrung finden. Die kann man ihnen natürlich auch in Form von Flüssigdüngern geben. Doch wenn sich das Wurzelwerk im Topf zu einem dichten Filz entwickelt hat, in dem sich kaum noch Erde befindet, können die Pflanzen nicht gedeihen, dann kümmern sie. Dann ist es auch höchste Zeit, ihnen eine größeren Topf und frische Erde zu geben. Der neue Topf sollte so groß sein, dass zwischen dem hinein gestellten Ballen und der Topfwand etwa einen Finger breit Platz bleibt. Bei schnell wachsenden Pflanzen auch mehr. Zu groß sollte der Abstand nicht sein. Es hätte also keinen Sinn, einen bewurzelten Steckling sofort ein einen Topf mit 18 Zentimeter Durchmesser zu pflanzen. Dann würden die Wurzeln bis zur Topfwand wachsen und dort einen Filz bilden, jedoch das Volumen und die Menge der Erde im Topf nicht ausfüllen. Besser ist es, den Durchmesser des Topfes erst nach und nach zu vergrößern und damit dosiert immer neue, frische Erde und Nährstoffe hinzuzufügen.

Vor dem Topfen überdeckt man das Abzugsloch mit einer Tonscherbe, damit überschüssiges Wasser ungehindert abfließen kann und keine Staunässe im Topf entsteht. Bei größeren Pflanzen und damit auch größeren Töpfen oder Kübeln empfiehlt sich eine Drainageschicht aus Kies oder Splitt, besser noch aus Blähton, um das Gewicht der Erde und des Topfes zu verringern.

Bevor der Ballen in den Topf kommt, raut man den Wurzelfilz auf, dadurch bilden sich neue Wurzeln, die wiederum Nährstoffe aufnehmen können. Einen großen, stark verfilzten Ballen kann man getrost mit dem Messer oder sogar mit dem Spaten drastisch reduzieren. Das empfiehlt sich vor allem, wenn die Pflanze mit ihrem Ballen zu groß und so auch zu schwer zu transportieren ist.

Die Erde wird rundherum locker eingefüllt und mit den Fingerspitzen der ganzen Hand, bei größeren Töpfen mit einer Leiste festgedrückt. Damit sich die Erde gleichmäßig im Topf verteilt, stößt man den Topf oder Kübel auf dem Tisch oder dem Boden auf, wobei man ihn gleichzeitig dreht. Anschließend vorsichtig und gründlich angießen.

# Unser Hausgarten heute

„Lass uns doch mal lustwandeln!", fordert mich Gisela nach dem morgendlichen Frühstück auf der Terrasse oder dem Mittagessen bzw. dem Sonntagnachmittagskaffee in der schattigen Weidenlaube auf. Dann erkunden wir gemeinsam Schritt für Schritt den Garten aufs neue, entdecken neue Blüten, begutachten das Wachstum mancher Staude, schauen den Bergmolchen im Teich zu und sind vom Besuch der Erdkröten überrascht. Oder wir genießen einfach die verschiedenen Perspektiven, die Blickachsen, die es in unserem Garten nicht gäbe, hätten wir ihn nicht in verschiedene Räume mit ein paar höher gelegten Beeten unterteilt. Von der Terrasse aus blicken wir auf die mit blau blühenden Polsterglockenblumen bedeckten Trockenmauern und darüber auf die Stauden, deren krönenden Höhepunkt der Diptam *(Dictamnus albus)* bildet. Selbst nach der Blüte macht er mit seinen Samenständen noch bis zum Herbst eine eindrucksvolle Figur.
Auch beim Blick zurück, von der Weidenlaube zu unserem Haus, steht der Diptam im Mittelpunkt, umgeben von einer Vielfalt von Stauden auf kleinem Raum. Von dort hinten blicke ich auch auf den Balkon und die daran empor rankende Weinrebe, die meine kleine Pergola dort oben ganz eingenommen hat. Oder ich folge mit den Augen dem kleinen Pfad, der aus

der Weidenlaube heraus zwischen den Trockenmauern auf den runden, gepflasterten Platz führt, bis zu den geneigten Glasscheiben des Erdgewächshauses.
Besonders reizvolle Perspektiven ergeben sich, wenn ich fünf Stufen tiefer vor der Gewächshaustür stehe und nach oben schaue: Da steht die Eberesche mit ihren weißen Blütendolden, umrankt von der Rose 'Ghislaine de Feligonde', umschlungen von einem Jelängerjelieber *(Lonicera caprifolium)*, und am Fuß haben sich die Funkien *(Hosta)* zu einem weißbunten Blätterteppich zusammengewachsen. Im zeitigen Frühjahr blühen dort Krokusse und Scilla.
Blicke ich über die fünf Treppenstufen, die vom Gewächshaus in den Garten hinauf führen, hinweg, sehe ich die Trockenmauer mit zum Teil bemoosten Nagelfluhsteinen und die üppig darüber bordenden Blütentriebe der Staudenclematis 'Cassandra'. Mein Blick reicht an der Trockenmauer entlang bis zu dem kleinen Pfad, der zwischen den Steinbrocken in die Weidenlaube führt.
Gehe ich ins Gewächshaus hinein, blicke ich durch die Fensterscheiben hinauf aufs Staudenbeet, sehe im Frühjahr Schneeglöckchen, Krokusse, Tulpen und Narzissen aus der Froschperspektive. Später bereichern die 'Rose de Resht', die Dunklen Königskerzen *(Verbascum nigrum)*, der Blausternbusch *(Amsonia taebermontana)*, die weiße Spornblume (*Centranthus ruber* 'Albus') und manche andere blühende Staude meinen Blick.
Natürlich ergeben sich im Lauf der Jahre immer wieder kleine Änderungen. Während ich an diesem Buch gearbeitet habe, war der erste Teil unseres Stegs morsch geworden. Da er sich ja noch auf dem „Festland" befand, konnten wir nach einer anderen Lösung suchen. Gisela wünschte sich eine Erweiterung des Pflasterwegs. Daraufhin gestaltete ich einen kleinen Weg mit gemischten Pflastermaterialien: Kopfsteinpflaster, Ziegelsteine und große Kieselsteine.
Wenn ich Fotos aus unserem Reihenhausgarten veröffentlicht oder während meiner Vorträge gezeigt habe, möchten manche Betrachter gar nicht glauben, dass dieser Garten eine Grundfläche von nur 115 Quadratmetern hat. Er wirkt wesentlich größer. Diesen Effekt habe ich erreicht, indem ich den Garten durch die höher gelegten Staudenbeete in zwei Räume unterteilt und die Gartengrenzen, wo es möglich war, verwischt habe.

*Auch im Schnee bietet unser Garten einen reizvollen Anblick, selbst aus dem Gewächshaus betrachtet.*

*In unserem Garten sind viele Ideen zu einer Gartenlandschaft auf kleinem Raum vereinigt.*

# Gedanken, für andere kleine Gärten

## Handtuchgarten? – Muss kein Problem sein

„Ich habe ja nur einen schmalen Reihenhausgarten. Darin kann ich ja außer Raseneinsaat gar nichts machen!“ So klingt die frustrierte Aussage vieler Besitzer von so genannten Handtuchgärten. Doch diesem Frust kann mit ein paar wenigen planerischen Kniffen abgeholfen werden.

Dabei gilt es aber auch ein paar Maßnahmen von vornherein zu vermeiden, die sich auf die weitere Gartengestaltung und das Leben im eigenen Garten auf Dauer als ungünstig erweisen.

## Sichtschutz? – Nicht um jeden Preis

Gewiss gibt es Familien, die ihre Gärten zusammenlegen oder zumindest einen Durchgang zum Nachbarn offen halten, die es nicht stört, von den Nachbarn gesehen zu werden, wenn sie sich sonnen oder auf der Terrasse Kaffee trinken. Doch das ist eine Frage der Mentalität, und die Nachbarn sollten sich schon sehr gut kennen und verstehen, damit dieses Zusammenleben in zwei benachbarten Gärten gelingt. Sollte man erst später zu dem Schluss kommen, dass man doch unterschiedliche Lebensweisen, Gewohnheiten, Rhythmen hat, dann könnte die nachträgliche Trennung auch für Verstimmung sorgen.

Doch man muss sich ja nicht rundherum abschotten und einigeln. Trennmauern zur Nachbarterrasse werden meist schon beim Bau der Häuser eingezogen, und es spricht auch nichts dagegen, diesen Sichtschutz ein Stück zu verlängern, zum Beispiel durch eine Hecke. Ein weiterer Grund für einen Sichtschutz können eine vorbeiführende Straße oder Parkplätze sein, die an den Garten grenzen.

**Stauden, die Schatten lieben oder vertragen**

| Staude | Blüte | Höhe (cm) | Standort |
|---|---|---|---|
| Bergwald-Storchschnabel<br>*Geranium nodosum* | V–X<br>blassrosa mit dunkler Aderung | 30–50 | hs–s; verträgt Trockenheit |
| Blutwurzel<br>*Sanguinaria canadensis* 'Multiplex' | IV–V<br>weiß gefüllt | 15–25 | hs–s; durchlässig, humos, gleichmäßig feucht |
| Bunter Fadenknöterich<br>*Polygonum filiforme* 'Lance Corporal' | IX–X<br>rot | 60–80 | hs–s; frischer Boden |
| Eisenhut (Wolfseisenhut)<br>*Aconitum vulparia* | VI–VII<br>hellgelb | 80 | hs–s; frisch, humos, nährstoffreich |
| Elfenblume<br>*Epimedium*-Arten | IV–V<br>weiß, hellrosa | 15–25 | hs–s; gleichbleibend feucht |
| Funkie<br>*Hosta*-Arten | VI–VIII; weiß–violette Töne (je nach Art und Sorte) | 20–100 | hs–s; humos, locker, nährstoffreich |
| Gedenkemein<br>*Omphalodes verna* | III–V<br>blau | 15–20 | hs–s; feucht, locker, humos, verträgt Wurzeldruck |
| Goldnessel<br>*Lameastrum galeobdolon* | V–VI<br>gelb | 20–30 | hs; anspruchslos |
| Immergrün<br>*Vinca major, Vinca minor* | IV–V<br>blauviolett, weiß (je n. Sorte) | 15–40 | hs–sv; locker, humos |
| Knöterich<br>*Polygonum campanulatum var. lichiangense* | VIII–X<br>weiß–zartrosa | 70–90 | so–hs; frischer Boden, Schutz vor Kahlfrost |
| Leberblümchen<br>*Hepatica nobilis* | III–IV<br>blau | 10 | hs–s; Waldhumus |
| Leberblümchen<br>*Hepatica transsilvanica* | II–IV<br>hellrosa | 10–15 | hs–s; humos, durchlässig, verträgt Trockenheit |
| Lilientraube<br>*Liriope graminifolia* | V–VI<br>rosaweiß | 30 | hs–s; kalkarm humos, frisch |
| Nesselkönig<br>*Lamium orvala* | V–VI<br>bräunlichrot | 40–60 | hs–s; lehmig |
| Salomonssiegel<br>*Polygonatum biflorum* | V–VI<br>weiß | 80–150 | abs–s; frisch, humos, trockenheitsverträglich |
| Schattenblümchen<br>*Maianthemum bifolium* | V–VI<br>weiß | 10–15 | hs–s locker, humos, lehmig, kalkarm, nährstoffreich |
| Schaumblüte<br>*Tiarella cordifolia* u. Sorten u. *T. wherryi* | IV–VI<br>weiß, rosa (je nach Sorte) | 10–30 (je nach Sorte) | hs–s; locker humos |
| Schein-Salomonssiegel<br>*Disporopsis pernyi* | V–VI<br>elfenbeinfarben | 40–50 | hs–s; humusreich, nicht zu trocken |
| Schwefel-Trauerglocke<br>*Uvolaria perfoliata* | V–VI<br>hellgelb | 15–20 | hs–s; unter Gehölzen |
| Silberling<br>*Lunaria rediviva* | V–VI<br>hellviolett | 80–120 | hs–s; locker, frisch, humos, Lehmboden |
| Storchschnabel<br>Geranium versicolor | V–VIII<br>rosaweiß, dunkel geadert | 30–40 | abs–s; trockenheitsverträglich |

*so = sonne, hs = halbschatten, abs = absonnig, s = schatten*

*Funkien (Hosta) blühen im Schatten der nachbarlichen Hecke.*

Doch muss es ein hässlicher kesseldruckimprägnierter Flechtzaun aus dem Baumarkt, ein zwei Meter hoher Bretterzaun oder gar eine Thujenhecke sein? Darf der Sichtschutz nicht auch durchbrochen sein, so dass im Vorübergehen mal hier mal dort ein Blick in den Garten fällt ohne ihn gleich auf einen Blick zu erfassen? Wir müssen uns nicht total abschotten, sondern allenfalls den Blick von außen in den Garten unterbrechen. Für diejenigen, die in der letzten Häuserzeile wohnen, kann es sogar schöner sein, auf einen Sichtschutz zu verzichten, um sich nicht den Blick in die Landschaft zu verstellen. In England gibt es eindrucksvolle Beispiele dafür, wie der Garten in Wiesen und Kuhweiden übergeht und die Landschaft wunderbar ins Gartenbild eingebunden wird – und so den optischen Eindruck eines unendlichen Gartens vermittelt.

Wenn schon Sichtschutz gewünscht wird, dann sollte er pflanzlicher Natur sein, also aus einer Hecke, einem Spalier oder locker angeordneten Gehölzen bestehen. Aber vielleicht können wir auch darauf verzichten, wenn der Nachbar bereits eine Hecke oder einige Gehölze gepflanzt hat. Bei neu gebauten Reihenhäusern können sich die Nachbarn vielleicht einigen, wer auf seiner Seite Bäume, Sträucher oder eine Hecke als Sichtschutz pflanzt. Wenn man sich auf eine bestimmte Gestaltung der Gartengrenze einigt, erübrigt es sich auch, irgendwelche behördlich vorgeschriebenen Abstandsvorschriften einzuhalten, die ohnehin in nahezu jeder Gemeinde anders geregelt sind. Denn Hecken oder gar frei wachsende Gehölze nehmen im kleinen Reihenhausgarten viel Platz weg und lassen das Handtuch noch viel schmaler und länger erscheinen als es eh schon ist. Aus diesem Grund habe ich, wie am Anfang dieses Buches beschrieben, alle überflüssigen Gehölze, die der Bauträger in unseren Garten gepflanzt hatte, entfernt und so Platz zum großzügigeren Gestalten gewonnen. Sonst hätte ich weder Platz fürs Erdgewächshaus noch für den Teich, die Weidenlaube, den Regenwurmwanderkasten gehabt und hätte auch nicht den runden gepflasterten Platz in der Mitte gestalten können. An Stauden hätte auch nicht viel ge-

deihen können. Die Kulisse bieten die Gehölze der Nachbarn. Dabei macht es uns wenig aus, dass der eine oder andere Zweig zu uns herüber wächst und auch der Schattenwurf im Lauf der Jahre mit dem Wachstum der Bäume und Sträucher zugenommen hat. An vielen Stellen ist der Maschendrahtzaun zum Nachbarn durch Wilden Wein und andere Kletterpflanzen kaschiert, die Gartengrenzen sind verwischt, und so scheint es, dass der Garten noch viel weiter reicht, noch viel größer ist. Die Stauden auf unseren Hochbeeten gedeihen in dieser nur zeitweise besonnten Lage prächtig. Und das inzwischen über drei Meter hohe Apfelbaumspalier unseres Nachbarn stört uns überhaupt nicht, denn es steht an der Nordseite unsere Gartens, es kann also gar keinen Schatten in unseren Garten werfen.

## Schattenwurf und Wurzeldruck

Manchmal ziehen Familien in ein älteres Reihenhaus mit einem ebenso alten Garten ein. Und der liegt ziemlich weit im Schatten der eigenen Gehölze aber auch der Bäume und Sträucher der Nachbarn. Die eigenen Schatten werfenden Gehölze kann man zurückschneiden oder ganz entfernen, sofern sie nicht einer Baumschutzverordnung unterliegen, die es ja Gott sei Dank in vielen Gemeinden gibt. Und die Gehölze der Nachbarn? Sie sind nun einmal da, und ich würde um keinen Preis meine Nachbarn zwingen wollen, sie zu entfernen, selbst wenn es sich um eine gruselige Thujenhecke handeln würde. Ich würde es als Herausforderung ansehen, einen schönen Schattengarten zu gestalten. Folgende Maßnahmen würde ich ergreifen:

1. An Stellen mit dem geringsten Schattenwurf, die am längsten besonnt sind, den Boden erhöhen, durch Hochbeete oder höher gelegte Staudenbeete, so wie ich sie in unserem Reihenhausgarten angelegt habe.
2. Um das Wurzelwachstum der Bäume einzudämmen, am Rand der Traufe senkrecht einen Wurzelvorhang einbauen, sowie bei flach wurzelnden Bäumen ein Wurzelschutzvlies im Bereich der Baumwurzeln flach auf den Boden legen und 20 bis 30 Zentimeter dick humusreiche Erde darauf ausbreiten.
3. Stauden und Farne pflanzen, die auch im tiefen Schatten gedeihen und den Boden bedecken. Später immer wieder Laub zwischen diesen Stauden ausbreiten. Vor allem weiß oder gelb blühende Stauden bringen Licht in die schattigen Stellen des Gartens.
4. Sofern es sich bei den Schatten werfenden Gehölzen um Laubbäume handelt, die nur im Sommer grün sind, ist der Platz unter ihnen ideal für Zwiebel- und -Knollenblumen wie Schneeglöckchen, Winterlinge, Märzenbecher, Krokusse und viele andere.
5. Letztendlich lässt sich auch im Schatten eines hohen Baumes mit ausladender Krone ein lauschiger Sitzplatz anlegen.

## Farne

Auch eine Vielzahl von Farnen gedeiht am besten in absonnigen, halbschattigen und schattigen Lagen. Sie bevorzugen einen humosen, durchlässigen meist kalkarmen Standort. Der Streifenfarn *(Asplenum trichomanes)* toleriert auch Trockenheit, der Tüpfelfarn *(Polypodium vulgare)* ist bei einem von Laubmull bedeckten Boden auch kalktolerant.